Grundwissen
Mathematik
Hauptschule

von
Reinhard Siebert
Johann Strauß

unter Mitarbeit
der Verlagsredaktion Mathematik

```
MA 91     70 02
Hauptschule Neu Wulmstorf
Dieses Buch ist Eigentum des Landes Niedersachsen.
Dieses Buch ist pfleglich zu behandeln. Eintragungen,
Randbemerkungen u.a. dürfen nicht vorgenommen werden.
Bei Verlust oder Beschädigung des Buches wird die
Schule Schadenersatz verlangen.        (28.08.91)
```

Ernst Klett Schulbuchverlag

1. Auflage   1   5   4   3   2   1 | 1994   93   92   91   90

Alle Drucke dieser Auflage können im Unterricht nebeneinander benutzt werden, sie sind untereinander unverändert. Die letzte Zahl bezeichnet das Jahr dieses Druckes.
© Ernst Klett Schulbuchverlag GmbH, Stuttgart 1990.
Alle Rechte vorbehalten.

Grafiken: K. Seidl, Bodenmais
Satz: SCS Schwarz Computersatz, Stuttgart
Druck: Gutmann & Co., Heilbronn
ISBN 3-12-709910-X

Inhaltsverzeichnis

Natürliche Zahlen 7

Die Menge der natürlichen Zahlen 7
Grundbegriffe bei Verknüpfungen von natürlichen Zahlen 8
Addition 9
Subtraktion 10
Multiplikation 11
Division 13
Teiler und Vielfache 14
Teilbarkeitsregeln 15
Gemeinsame Teiler zweier Zahlen und ggT 17
Gemeinsame Vielfache zweier Zahlen und kgV 17
Primzahlen 18

Ganze Zahlen 19

Die Menge der ganzen Zahlen 19
Rechenregeln für ganze Zahlen 20

Rationale Zahlen 23

Die Menge der rationalen Zahlen 23
Erweitern, Kürzen und Vergleichen von Brüchen 24
Rechenregeln für Brüche 26
Dezimalzahlen 29
Rechenregeln für Dezimalzahlen 30

Potenzen 32

Schreibweise für Potenzen 32
Rechenregeln für Potenzen 32

Terme 34

Verbindung der Grundrechenarten 34
Rechenregeln für Terme 34
Binomische Formeln 36

Zuordnungen 37

Verschiedene Zuordnungen 37
Proportionale Zuordnungen 37
Antiproportionale Zuordnungen 39
Mehrfache Zuordnungen 40
Lineare Zuordnungen 42
Quadratische Zuordnungen 43
Wurzeln 44

Prozentrechnung 45

Grundbegriffe der Prozentrechnung 45
Berechnen des Prozentsatzes 45
Berechnen des Prozentwertes 46
Berechnen des Grundwertes 47
Vermehrter und verminderter Wert 48

Zinsrechnung 49

Grundbegriffe der Zinsrechnung 49
Berechnen der Zinsen 49
Berechnen des Zinssatzes 50
Berechnen des Kapitals 51
Berechnen der Zeit 52
Zinseszinsrechnung 53

Größen (Sachrechnen) 54

Maßzahl und Einheit 54
Einheiten der Masse 54
Einheiten der Zeit 55
Einheiten der Länge 55
Einheiten der Fläche 55
Einheiten des Raumes 56
Addieren und Subtrahieren von Größen 56
Multiplizieren und Dividieren von Größen mit Zahlen 57
Multiplizieren und Dividieren von Größen mit Größen 57
Überschlagen 58
Runden 58
Rundungsregeln 59
Rechnen mit gerundeten Zahlen 60
Lösungswege bei Sachaufgaben 61

Gleichungen und Ungleichungen mit einem Platzhalter 63

Grundbegriffe 63
Äquivalenzumformungen 64
Textgleichungen 67

Gleichungen mit zwei Platzhaltern 68

Grundbegriffe 68
Die graphische Lösung 69
Das Gleichsetzungsverfahren 69
Das Einsetzungsverfahren 70
Das Additionsverfahren 71
Sachaufgaben zu Gleichungssystemen mit zwei Platzhaltern 72

Quadratische Gleichungen 74
Grundbegriffe 74
Lösung von reinquadratischen Gleichungen 74
Lösung von gemischtquadratischen Gleichungen 75
Allgemeine Lösung quadratischer Gleichungen über die Formel 76

Statistik 78
Darstellen von Daten in Tabellen 78
Veranschaulichen von Daten 78
Kreis- und Streifendiagramme 78
Säulendiagramme 80
Kurvendarstellungen 80
Ordnungsdiagramme 81
Mittelwert 81

Taschenrechner 82
Löschen und Korrigieren 82
Rechenlogik 83
Rechengenauigkeit 84
Exponentielle Schreibweise 86
Rechnen mit Konstanten 86
Benutzung des Speichers 88

Abbildungen der Ebene 89
Kongruenzabbildungen 89
Achsenspiegelung 89
Achsensymmetrie 90
Verschiebung 91
Drehung 92
Drehsymmetrie 92
Zentrische Streckung 93

Winkel und Winkelfunktionen 95
Bezeichnung von Winkeln 95
Winkel an sich schneidenden Geraden 95
Messen und Zeichnen von Winkeln 96
Die Sinusfunktion 97
Die Kosinusfunktion 98
Die Tangens- und die Kotangensfunktion 100

Grundkonstruktionen 102
Senkrechte zu einer Geraden g durch einen Punkt A 102
Mittelsenkrechte zu einer Strecke $\overline{AB}$ 102
Parallele zu einer Geraden g durch einen Punkt A 102
Winkelhalbierende 103

Geometrische Lehrsätze 104

Satz von der Winkelsumme im Dreieck 104
Satz des Thales 104
Strahlensätze 105
Satz des Pythagoras 107
Höhensatz (Satz des Euklid) 108
Kathetensatz 109

Figuren der Ebene 110

Rechteck 110
Quadrat 111
Parallelogramm 111
Raute 113
Trapez 113
Drachen 115
Dreieck 115
Kreis und Kreisteile 118

Körper 121

Quader 121
Würfel 122
Gerade Prismen (Säulen) 123
Gerade Zylinder 124
Pyramiden 126
Pyramidenstümpfe 128
Kegel 129
Kegelstümpfe 130
Kugeln 132

Stichwortverzeichnis 133

Natürliche Zahlen

Die Menge der natürlichen Zahlen

Die Zahlen 0, 1, 2, 3, 4, ... bilden die unendliche **Menge der natürlichen Zahlen**.
Schreibweise $\mathbb{N} = \{0, 1, 2, 3, 4, ...\}$
Wird die Null ausgeschlossen, so schreibt man
$\mathbb{N}^* = \{1, 2, 3, 4, ...\}$

Die natürlichen Zahlen lassen sich auf einem **Zahlenstrahl** darstellen, indem man von einem Punkt 0 aus fortlaufend eine Einheitsstrecke abträgt und den so gewonnenen Punkten die natürlichen Zahlen zuordnet.

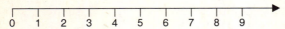

Jede natürliche Zahl hat genau einen **Nachfolger**.

Beispiel

18 ist Nachfolger von 17.

Jede natürliche Zahl außer der Null hat genau einen **Vorgänger**.

Beispiel

23 ist Vorgänger von 24.

Zwischen zwei Zahlen a und b gilt genau eine der folgenden Beziehungen:

	Beispiele
$a < b$ (a ist kleiner als b)	$5 < 7$
$a = b$ (a ist gleich b)	$7 = 7$
$a > b$ (a ist größer als b)	$7 > 5$

Auf dem Zahlenstrahl liegt eine kleinere Zahl stets links von der größeren Zahl.

Beispiel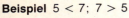

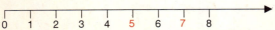

Natürliche Zahlen

Grundbegriffe bei Verknüpfungen von natürlichen Zahlen

a + b heißt **Summe**, die Verknüpfung heißt **Addition**, das Verknüpfungszeichen ist + (plus).

Beispiel

3	+	4	=	7
Summand	plus	Summand	gleich	Summe
	Addition			

a − b heißt **Differenz**, die Verknüpfung heißt **Subtraktion**, das Verknüpfungszeichen ist − (minus).

Beispiel

7	−	4	=	3
1. Zahl	minus	2. Zahl	gleich	Differenz
	Subtraktion			

a · b heißt **Produkt**, die Verknüpfung heißt **Multiplikation**, das Verknüpfungszeichen ist · (mal).

Beispiel

5	·	3	=	15
Faktor	mal	Faktor	gleich	Produkt
	Multiplikation			

Die Multiplikation ist eine verkürzte Addition.

Beispiel

$$\underbrace{3 + 3 + 3 + 3}_{4 \text{ mal}} = 3 \cdot 4$$

a : b heißt **Quotient**, die Verknüpfung heißt **Division**, das Verknüpfungszeichen ist : (dividiert durch).

Natürliche Zahlen

Beispiel

12 : 4 = 3
1. Zahl durch 2. Zahl gleich Quotient
　　　　 Division

Addition

Die Reihenfolge der Summanden hat keinen Einfluß auf das Ergebnis.
Es gilt das **Kommutativgesetz (Vertauschungsgesetz)** der Addition.

Beispiel

$5 + 3 = 3 + 5$

Allgemein gilt: **a + b = b + a** für alle natürlichen Zahlen.
Veranschaulichung des Kommutativgesetzes durch Streckenaddition:

5 cm	3 cm
3 cm	5 cm

Beide Strecken sind gleich lang (8 cm).
Man benutzt das Kommutativgesetz, um Rechenvorteile wahrzunehmen.

Beispiel

$17 + 26 + 13 = 17 + 13 + 26$
$ = 30 + 26 = 56$

Summanden lassen sich beliebig zu Teilsummen zusammenfassen.
Es gilt das **Assoziativgesetz (Verbindungsgesetz)** der Addition.

Beispiel

$(7 + 3) + 5 = 7 + (3 + 5)$
$10 + 5 = 7 + 8$

Allgemein gilt: **(a + b) + c = a + (b + c)** für alle natürlichen Zahlen.

Natürliche Zahlen

Schriftliche Addition

Es werden stellenweise die Einer (E), die Zehner (Z), die Hunderter (H), ... addiert.

Beispiele

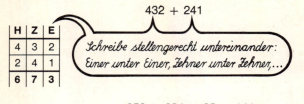

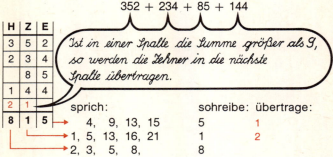

	sprich:	schreibe:	übertrage:
	4, 9, 13, 15	5	1
	1, 5, 13, 16, 21	1	2
	2, 3, 5, 8,	8	

Subtraktion

Bei der Subtraktion darf man die 1. Zahl nicht mit der 2. Zahl vertauschen.

Beispiel

$7 - 4 \neq 4 - 7$

Wenn die 2. Zahl größer ist als die 1. Zahl, so ist die Differenz eine ▶ negative Zahl. Zu jeder Subtraktion gibt es eine entsprechende Addition als Probe.

Beispiel

Zu der Subtraktion $8 - 2 = 6$ gehört als Probe die Addition $6 + 2 = 8$.

Natürliche Zahlen

Schriftliche Subtraktion

H	Z	E
5	6	9
1	3	2
4	3	7

sprich: schreibe:
2 plus 7 gleich 9   7
3 plus 3 gleich 6   3
1 plus 4 gleich 5   4

H	Z	E
7	4	3
2	6	8
1	1	
4	7	5

Wenn die untere Ziffer größer als die obere ist, so entsteht ein Übertrag.

sprich: schreibe: übertrage:
8 plus 5 gleich 13   5   1
6 + 1 plus 7 gleich 14   7   1
2 + 1 plus 4 gleich 7   4

Subtraktion mehrerer Zahlen

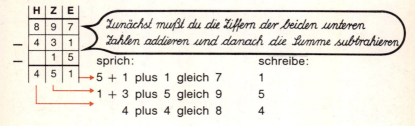

H	Z	E
8	9	7
4	3	1
	1	5
4	5	1

Zunächst mußt du die Ziffern der beiden unteren Zahlen addieren und danach die Summe subtrahieren.

sprich: schreibe:
5 + 1 plus 1 gleich 7   1
1 + 3 plus 5 gleich 9   5
4 plus 4 gleich 8   4

Multiplikation

Die Faktoren dürfen vertauscht werden, es gilt das **Kommutativgesetz (Vertauschungsgesetz)** der Multiplikation.

Beispiel

$4 \cdot 5 = 5 \cdot 4$

Allgemein gilt: $\mathbf{a \cdot b = b \cdot a}$ für alle natürlichen Zahlen.
Man benutzt das Kommutativgesetz, um Rechenvorteile wahrzunehmen.

Natürliche Zahlen

Beispiel

4 · 39 · 25 = 4 · 25 · 39 = 100 · 39 = 3900

Bei 3 oder mehr Faktoren kann man in beliebiger Weise Faktoren zu Teilprodukten zusammenfassen. Es gilt das **Assoziativgesetz (Verbindungsgesetz)** der Multiplikation.

Beispiel

(3 · 4) · 5 = 3 · (4 · 5)
  12 · 5 = 3 · 20

Allgemein gilt: **(a · b) · c = a · (b · c)** für alle natürlichen Zahlen.
Die Multiplikation ist immer ausführbar. Multipliziert man natürliche Zahlen miteinander, so erhält man immer wieder eine natürliche Zahl.
Ist in einem Produkt ein Faktor gleich Null, so ist das gesamte Produkt gleich Null.

Beispiele

7 · 0 = 0
1537 · 18 · 0 · 175 = 0

Schriftliche Multiplikation

Meistens ist es günstig, den kürzeren Faktor an die zweite Stelle zu setzen.

Beispiele

Der zweite Faktor ist einstellig.

Der zweite Faktor ist mehrstellig.

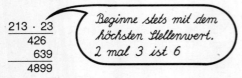

Natürliche Zahlen

Im zweiten Faktor ist eine Null.

```
3416 · 204          oder kürzer    3416 · 204
 6832                                68320
 0000                                13664
13664                               696864
696864
```

Division

Bei der Division darf man die 1. Zahl nicht mit der 2. Zahl vertauschen.

Beispiel

9 : 3 ≠ 3 : 9

Nur wenn die 2. Zahl ein Teiler der 1. Zahl ist, erhält man eine natürliche Zahl als Ergebnis; sonst ist das Ergebnis eine ▶ rationale Zahl.

Beispiel

12 : 3 = 4

Die Lösung ist eine natürliche Zahl,
weil 3 Teiler von 12 ist.

Zu jeder Division gibt es eine entsprechende Multiplikation als Probe.
Zur Division 8 : 2 = 4 gehört die Probe 4 · 2 = 8.

Schriftliche Division

Division ohne Rest

```
  3164 : 7 = 452            Probe:
 −28                         452 · 7
  ─                          ──────
  36       7 mal 4 ist       3164
  35       gleich 28
  ─
  14
  14
  ─
   0
```

Natürliche Zahlen

```
450 : 25 = 18          Probe:
 25                    18 · 25
───                    ──────
200                       36
200                       90
───                    ──────
  0                      450
```

Division mit Rest

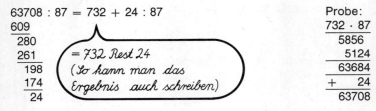

```
63708 : 87 = 732 + 24 : 87        Probe:
609                                732 · 87
───                                ────────
280                                   5856
261                                   5124
───                                ────────
198                                  63684
174                                +    24
───                                ────────
 24                                  63708
```

= 732 Rest 24
(So kann man das Ergebnis auch schreiben)

Teiler und Vielfache

Eine Zahl a ist durch eine natürliche Zahl b teilbar, wenn a ein **Vielfaches** von b ist. Die Zahl b heißt dann **Teiler** von a (geschrieben b|a, gelesen b teilt a).

Beispiel

6 ist Teiler von 48, 6|48
48 ist Vielfaches von 6

Ist b nicht Teiler von a, so schreibt man b ∤ a (gelesen b teilt nicht a).

Beispiel

4 teilt nicht 15 (4 ∤ 15), da die Division 15 : 4 einen Rest ergibt.

Die Menge aller Teiler einer Zahl a nennt man **Teilermenge T_a**. Teilermengen sind endliche Mengen.

Beispiele

$T_{12} = \{1, 2, 3, 4, 6, 12\}$
$T_{21} = \{1, 3, 7, 21\}$

Natürliche Zahlen

Die Menge aller Vielfachen einer Zahl a heißt **Vielfachenmenge V_a**. Man erhält die Vielfachenmenge einer Zahl a, indem man a nacheinander mit 1, 2, 3, ... multipliziert. Jede Vielfachenmenge ist eine unendliche Menge.

Beispiele

$V_8 = \{8, 16, 24, 32, 40, 48, ...\}$
$V_{16} = \{16, 32, 48, 64, 80, 96, ...\}$

Teilbarkeitsregeln

Endstellenregeln

Eine Zahl ist teilbar durch
  2, wenn die letzte Ziffer 0, 2, 4, 6 oder 8 ist;
  4, wenn die beiden letzten Ziffern eine durch 4 teilbare Zahl darstellen oder 2 Nullen sind;
  5, wenn die letzte Ziffer 5 oder 0 ist;
  8, wenn die letzten drei Ziffern eine durch 8 teilbare Zahl darstellen oder drei Nullen sind;
  10, wenn die letzte Ziffer eine Null ist;
  25, wenn die letzten beiden Ziffern eine durch 25 teilbare Zahl darstellen oder zwei Nullen sind.

Beispiel

15840 ist teilbar durch
  2, weil die letzte Ziffer 0 ist;
  4, weil die Zahl aus den beiden letzten Ziffern, also 40, durch 4 teilbar ist;
  5, weil die letzte Ziffer 0 ist;
  8, weil die Zahl aus den letzten drei Ziffern, also 840, durch 8 teilbar ist;
  10, weil die letzte Ziffer 0 ist.

Quersummenregeln

Die **Quersumme** einer Zahl ist die Summe ihrer Ziffern.

Natürliche Zahlen

Beispiel

Die Quersumme der Zahl 23085 ist:
$2 + 3 + 0 + 8 + 5 = 18$

Auch von 18 läßt sich noch einmal eine Quersumme bilden, sie ist
$1 + 8 = 9$

Eine Zahl ist teilbar durch
3, wenn ihre Quersumme durch 3 teilbar ist;
9, wenn ihre Quersumme durch 9 teilbar ist.

Beispiele

258 hat die Quersumme 15; 15 ist teilbar durch 3, also 3|258.
9810 hat die Quersumme 18; 18 ist teilbar durch 9, also 9|9810.
190866 hat die Quersumme 30; 30 ist teilbar durch 3, also 3|190866.

Teilbarkeit von Summen und Differenzen

Jeder Teiler zweier Zahlen teilt auch die Summe und die Differenz dieser Zahlen.

Beispiel

```
      7| 49      und   7| 21
also  7|(49 + 21) und  7|(49 − 21)
      7| 70      und   7| 28
```

Diese Regel kann mit Vorteil bei der Suche nach dem ▶ ggT (größter gemeinsamer Teiler) angewendet werden.

Beispiel

Der ggT von 264 und 248 soll bestimmt werden. Es genügt, wenn man den ggT unter den Teilern der Differenz sucht.
$264 - 248 = 16$ $T_{16} = \{16, 8, 4, 2, 1\}$
Es gilt: 16 ∤ 248, aber 8|248, also ist 8 ggT von 264 und 248.

Natürliche Zahlen

Gemeinsame Teiler zweier Zahlen und ggT

Gemeinsame Teiler zweier Zahlen erfüllen diese Bedingung: Sie sind sowohl in der Teilermenge der einen Zahl als auch in der Teilermenge der anderen Zahl enthalten.

Beispiel

Die gemeinsamen Teiler von 24 und 32 sind zu bestimmen.
$T_{24} = \{1, 2, 3, 4, 6, 8, 12, 24\}$
$T_{32} = \{1, 2, 4, 8, 16, 32\}$
Die Zahlen 1, 2, 4, 8 sind gemeinsame Teiler von 24 und 32.

Die Teilermenge des größten gemeinsamen Teilers $T_8 = \{1, 2, 4, 8\}$ enthält alle gemeinsamen Teiler. 8 ist der größte gemeinsame Teiler (ggT) von 24 und 32. Man schreibt: ggT (24;32) = 8

Beispiel

$T_{16} = \{1, 2, 4, 8, 16\}$
$T_{12} = \{1, 2, 3, 4, 6, 12\}$
ggT (16;12) = 4

Gemeinsame Vielfache zweier Zahlen und kgV

Gemeinsame Vielfache zweier Zahlen a und b sind sowohl in der Vielfachenmenge von a als auch in der Vielfachenmenge von b enthalten.

Beispiel

Die gemeinsamen Vielfachen von 12 und 18 sind zu bestimmen.
$V_{12} = \{12, 24, 36, 48, 60, 72, 84, 96, 108, \ldots\}$
$V_{18} = \{18, 36, 54, 72, 90, 108, \ldots\}$
Die Menge $V_{36} = \{36, 72, 108, \ldots\}$ enthält die gemeinsamen Vielfachen von 12 und 18.

36 ist das kleinste der gemeinsamen Vielfachen von 12 und 18; man nennt 36 das kgV (kleinste gemeinsame Vielfache) von 12 und 18 und schreibt: kgV (12;18) = 36. Alle gemeinsamen Vielfachen zweier Zahlen sind auch die Vielfachen des kgV.

Natürliche Zahlen

Primzahlen

Zahlen, die nur durch 1 und sich selbst teilbar sind, heißen **Primzahlen**. Die ersten Primzahlen sind 2, 3, 5, 7, 11, 13, ... Will man feststellen, ob eine Zahl n eine Primzahl ist, so prüft man, ob es eine Primzahl p gibt, die Teiler von n ist. p kann nur höchstens so groß sein wie $\sqrt{n}$, da $\sqrt{n} \cdot \sqrt{n} = n$ ist. (▶ Wurzel)

Beispiele

1. ist 73 eine Primzahl?

$\sqrt{73} < 9$, also prüft man, ob die Primzahlen bis 9 Teiler sind. Wenn 2, 3, 5, 7 keine Teiler von 73 sind, dann gibt es auch keinen größeren Teiler.
Wegen 2 ∤ 73, 3 ∤ 73, 5 ∤ 73, 7 ∤ 73 folgt: 73 ist eine Primzahl.

2. Ist 91 eine Primzahl?

$\sqrt{91} < 10$. Zu prüfen sind die Primzahlen 2, 3, 5, 7 als mögliche Teiler von 91.
Wegen 7|91 folgt: 91 ist keine Primzahl.

Jede Zahl ist entweder eine Primzahl, oder sie läßt sich als ein Produkt von Primzahlen darstellen; das nennt man **Primfaktorzerlegung**.

Beispiel

$120 = 2 \cdot 60$
$ = 2 \cdot 2 \cdot 30$
$ = 2 \cdot 2 \cdot 2 \cdot 15$
$ = 2 \cdot 2 \cdot 2 \cdot 3 \cdot 5$
$120 = 2^3 \cdot 3 \cdot 5$

Aus der jeweils letzten Zahl wird immer wieder ein Primfaktor herausgezogen.

Ganze Zahlen

Die Menge der ganzen Zahlen

$\mathbb{Z} = \{\ldots, -3, -2, -1, 0, +1, +2, +3, \ldots\}$
Die natürlichen Zahlen 1, 2, 3, ... sind **positive ganze Zahlen.** Sie bilden die Menge $\mathbb{Z}^+ (= \mathbb{N}^*)$. Die Zahlen $-1, -2, -3, \ldots$ nennt man **negative ganze Zahlen,** sie bilden die Menge $\mathbb{Z}^-$. Man kann die ganzen Zahlen an der Zahlengeraden darstellen:

```
 -7 -6 -5 -4 -3 -2 -1  0  1  2  3  4  5  6  7
```

negative Zahlen   positive Zahlen

Bei den ganzen Zahlen muß man das **Vorzeichen** beachten!

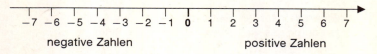

Beispiel

Die Zahlen -4 und $+4$ unterscheiden sich durch das Vorzeichen; sie haben auf der Zahlengeraden den gleichen Abstand vom Nullpunkt, liegen jedoch auf verschiedenen Seiten.

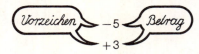

Solche Zahlen nennt man **Gegenzahlen,** sie haben denselben **Betrag.** Der Betrag ist auf der Zahlengeraden der Abstand vom Nullpunkt.

Beispiele

$+4$ ist die Gegenzahl zu -4, beide Zahlen haben den Betrag 4.
-17 ist die Gegenzahl zu $+17$, beide Zahlen haben den Betrag 17.

Das Vorzeichen muß vom Verknüpfungszeichen (Rechenzeichen) unterschieden werden

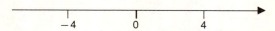

Ganze Zahlen

Ganze Zahlen werden in verschiedenen Sachzusammenhängen benötigt.

Beispiele

Sinkt die Temperatur von +5 °C um 8 °C, so ist die neue Temperatur −3 °C. Steigt die Temperatur von −4 °C um 9 °C, so ist die neue Temperatur +5 °C.

Im Geldverkehr werden Guthaben durch das Vorzeichen + und Schulden durch das Vorzeichen − gekennzeichnet.

Tag	Auszahlung	Einzahlung	Kontostand
1. 5.	−	−	+ 2000 DM
3. 5.	1400 DM	−	+ 600 DM
10. 5.	800 DM	−	− 200 DM
18. 5.	−	300 DM	+ 100 DM

Die uns bekannten Höhenangaben von Bergen, Ortschaften oder Meerestiefen beziehen sich alle auf einen in Amsterdam festgelegten „Normalpunkt" (NN).
Der Stuttgarter Hauptbahnhof liegt auf 242 m über NN. Der Meeresspiegel des Toten Meeres hat eine Höhe von −393 m, d. h. er liegt 393 m unter NN.

Rechenregeln für ganze Zahlen

Addition

Haben die Summanden *gleiche Vorzeichen,* so hat auch die Summe dieses Vorzeichen. Positive Vorzeichen werden oft weggelassen.

Beispiel

$(+3) + (+4) = +7,$ kürzer $3 + 4 = 7$
$(-3) + (-4) = -7,$ kürzer $-3 + (-4) = -7$

Haben die Summanden *verschiedene Vorzeichen,* so hat die Summe das Vorzeichen des Summanden mit dem größeren Betrag. Der Betrag der Summe ist gleich der Differenz der Beträge der beiden Summanden.

Ganze Zahlen

Beispiele

1. $(-3) + (+7) = ?$
Die Zahl mit dem größeren Betrag ist $+7$, also hat die Summe das Vorzeichen $+$.

Die Differenz der Beträge ist $7 - 3 = 4$.
Also: $(-3) + (+7) = +4$.

2. Jemand hat auf seinem Konto ein Guthaben von 80 DM. Es werden 30 DM abgehoben. Die zugehörige Aufgabe lautet:
$(+80) + (-30) = ?$

Die Zahl mit dem größeren Betrag ist $+80$, also hat die Summe das Vorzeichen $+$.

Die Differenz der Beträge ist $80 - 30 = 50$.
Also: $(+80) + (-30) = 50$

Subtraktion

Statt zu subtrahieren, kann man die Gegenzahl addieren.

Beispiele

$(+8) - (+6) = ?$
Gegenzahl zu $+6$ ist -6
Also: $(+8) + (-6) = 2$

$(-8) - (-4) = ?$
Gegenzahl zu -4 ist $+4$
Also: $(-8) + (+4) = -4$

Multiplikation

Bei *gleichen Vorzeichen* multipliziert man die Beträge und gibt dem Produkt das Vorzeichen $+$.

Beispiele

$(+6) \cdot (+9) = +54 = 54$
$(-6) \cdot (-9) = +54 = 54$

Bei *verschiedenen Vorzeichen* multipliziert man die Beträge und gibt dem Produkt das Vorzeichen $-$.

Beispiele

$(+4) \cdot (-7) = -28$
$(-4) \cdot (+7) = -28$.

Ganze Zahlen

Division

Bei *gleichen Vorzeichen* dividiert man die Beträge und gibt dem Quotienten das Vorzeichen +.

Beispiele

$(+12) : (+3) = +4 = 4$
$(-12) : (-3) = +4 = 4$

Bei *verschiedenen Vorzeichen* dividiert man die Beträge und gibt dem Quotienten das Vorzeichen −.

Beispiele

$(+12) : (-3) = -4$
$(-12) : (+3) = -4$

Rationale Zahlen

Die Menge der rationalen Zahlen

Zahlen wie $\frac{1}{2}$; $\frac{3}{4}$; $-\frac{11}{10}$; $4\frac{1}{2}$ werden **Brüche** genannt. Zahlen wie 0,5; 1,75; −0,0038 nennt man **Dezimalzahlen**.

$$\frac{5}{9} \begin{matrix} \leftarrow \text{Zähler} \\ \leftarrow \text{Bruchstrich} \\ \leftarrow \text{Nenner} \end{matrix}$$

Alle Brüche, die sich als Quotient zweier ganzer Zahlen a und b schreiben lassen (b ≠ 0), bilden die Menge ℚ der rationalen Zahlen (Bruchzahlen): ℚ⁺ ist die Menge der positiven rationalen Zahlen. ℚ⁻ ist die Menge der negativen rationalen Zahlen. Man kann die rationalen Zahlen an einer Zahlengeraden darstellen:

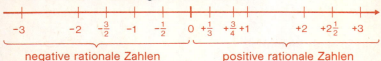

Wenn der Zähler ein Vielfaches vom Nenner ist, stellt der Bruch eine ▶ ganze Zahl dar.

Beispiele

$\frac{2}{2} = 1$; $\frac{6}{3} = 2$; $-\frac{15}{5} = -3$

In der Menge der rationalen Zahlen gibt es weder eine kleinste noch eine größte Zahl. Zwischen zwei beliebigen rationalen Zahlen liegen unendlich viele weitere rationale Zahlen.
Jede Bruchzahl läßt sich auf verschiedene Arten schreiben.

Beispiel

$\frac{7}{5} = \frac{14}{10} = \frac{28}{20} = 1\frac{4}{10} = 1,4$

Dieselbe Bruchzahl kann durch verschiedene Brüche bezeichnet werden. Diese stellen denselben Punkt auf der Zahlengeraden dar.

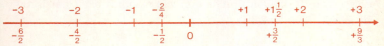

Rationale Zahlen

Erweitern, Kürzen und Vergleichen von Brüchen

Wenn Brüche verglichen, addiert oder subtrahiert werden sollen, müssen sie oft vorher umgewandelt werden. Solche Umwandlungen sind:

Erweitern eines Bruches

Ein Bruch wird erweitert, indem man den Zähler und den Nenner mit der gleichen Zahl a (a ≠ o) multipliziert: $\frac{m}{n} = \frac{m \cdot a}{n \cdot a}$

Beispiel

$\frac{3}{4} = \frac{3 \cdot 2}{4 \cdot 2} = \frac{6}{8}$

Kürzen eines Bruches

Ein Bruch wird gekürzt, indem man den Zähler und den Nenner durch die gleiche Zahl a (a ≠ 0) dividiert: $\frac{m}{n} = \frac{m : a}{n : a}$

Man kann nur kürzen, wenn Zähler und Nenner gemeinsame ▶ Teiler haben.

Umwandeln von Brüchen in gemischte Zahlen

Ein Bruch, dessen Zähler größer ist als der Nenner, läßt sich als Summe einer ganzen Zahl und eines Bruches schreiben. Diese Darstellung wird als **gemischte Zahl** bezeichnet.

Beispiele

$\frac{22}{7} = \frac{21}{7} + \frac{1}{7} = 3 + \frac{1}{7} = 3\frac{1}{7}$ $\qquad$ $\frac{30}{11} = \frac{22}{11} + \frac{8}{11} = 2 + \frac{8}{11} = 2\frac{8}{11}$

Umwandeln von gemischten Zahlen in Brüche

Eine gemischte Zahl besteht aus einer natürlichen Zahl und einem Bruch. Jede natürliche Zahl läßt sich aber auch als Bruch schreiben. Addiert man die beiden Brüche nun, hat man aus einer gemischten Zahl einen Bruch erhalten.

Rationale Zahlen

Beispiel

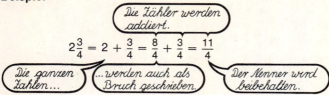

Vergleichen von Brüchen

Will man entscheiden, welcher von zwei Brüchen der größere ist, so können drei Fälle auftreten:

1. Die Nenner der zu vergleichenden Brüche sind gleich. In diesem Fall stellt der Bruch mit dem größeren Zähler die größere Zahl dar.

Beispiele

$\frac{8}{13} > \frac{5}{13}$ $\qquad\qquad \frac{9}{10} < \frac{11}{10}$

2. Die Zähler der zu vergleichenden Brüche sind gleich. In diesem Fall stellt der Bruch mit dem kleineren Nenner die größere Zahl dar.

Beispiele

$\frac{3}{4} > \frac{3}{5}$ $\qquad\qquad \frac{9}{11} < \frac{9}{8}$

3. Weder Zähler noch Nenner der zu vergleichenden Brüche sind gleich.
In diesem Fall kann man durch ▶ Erweitern stets erreichen, daß die Brüche den gleichen Nenner erhalten und somit die erste Regel angewendet werden kann. Man sucht ein ▶ gemeinsames Vielfaches der beiden Nenner und erweitert entsprechend.

Beispiele

Zu vergleichen sind $\frac{3}{7}$ und $\frac{6}{19}$.

Erweitert man $\frac{3}{7}$ mit 2, so ergibt das $\frac{3}{7} = \frac{3 \cdot 2}{7 \cdot 2} = \frac{6}{14}$

Aus $\frac{6}{14} > \frac{6}{19}$ folgt: $\frac{3}{7} > \frac{6}{19}$

Rationale Zahlen

Zu vergleichen sind $\frac{3}{5}$ und $\frac{4}{7}$

Das kgV der Nenner ist 35.

$\frac{3}{5} = \frac{3 \cdot 7}{5 \cdot 7} = \frac{21}{35}$ und $\frac{4}{7} = \frac{4 \cdot 5}{7 \cdot 5} = \frac{20}{35}$

Aus $\frac{21}{35} > \frac{20}{35}$ folgt: $\frac{3}{5} > \frac{4}{7}$

Rechenregeln für Brüche

Addieren und Subtrahieren

Gleichnamige Brüche

Brüche, die den gleichen Nenner haben, heißen **gleichnamig**. Man addiert bzw. subtrahiert die Zähler und behält den gemeinsamen Nenner bei.

Beispiele

$\frac{5}{8} + \frac{1}{8} = \frac{5+1}{8} = \frac{6}{8} = \frac{3}{4}$

$\frac{3}{5} - \frac{1}{5} = \frac{3-1}{5} = \frac{2}{5}$

Ungleichnamige Brüche

Brüche, deren Nenner verschieden sind, heißen **ungleichnamig**. Man addiert bzw. subtrahiert solche Brüche, indem man sie zuerst durch ▶ Erweitern gleichnamig macht. Als gemeinsamen Nenner nimmt man gewöhnlich den **Hauptnenner** (das ist das ▶ kleinste gemeinsame Vielfache).

Beispiele

$\frac{2}{3} + \frac{2}{9} = \frac{6}{9} + \frac{2}{9} = \frac{6+2}{9} = \frac{8}{9}$

$\frac{3}{4} + \frac{1}{6} = \frac{9}{12} + \frac{2}{12} = \frac{9+2}{12} = \frac{11}{12}$

$\frac{8}{9} - \frac{5}{12} = \frac{32}{36} - \frac{15}{36} = \frac{32-15}{36} = \frac{17}{36}$

$\frac{3}{4} + \frac{5}{12} - \frac{7}{9} - \frac{1}{6} = \frac{27}{36} + \frac{15}{36} - \frac{28}{36} - \frac{6}{36} = \frac{27+15-28-6}{36} = \frac{8}{36} = \frac{2}{9}$

Rationale Zahlen

Gemischte Zahlen

Bei der Addition faßt man die ganzen Zahlen und die Brüche gesondert zusammen.

Beispiel

$$5\frac{1}{4} + 1\frac{1}{2} = 5 + 1 + \frac{1}{4} + \frac{1}{2} = 6\frac{3}{4}$$

Bei der Subtraktion ist es sinnvoll, die gemischten Zahlen in gewöhnliche Brüche umzuwandeln und den Hauptnenner zu bilden.

Beispiel

$$4\frac{1}{4} - 2\frac{1}{2} = \frac{17}{4} - \frac{5}{2} = \frac{17}{4} - \frac{10}{4} = \frac{7}{4} = 1\frac{3}{4}$$

Multiplizieren

Zwei Brüche werden miteinander multipliziert, indem man die beiden Zähler miteinander multipliziert und die beiden Nenner miteinander multipliziert.

$$\frac{a}{b} \cdot \frac{c}{d} = \frac{a \cdot c}{b \cdot d}$$

Beispiel

$$\frac{3}{5} \cdot \frac{1}{2} = \frac{3 \cdot 1}{5 \cdot 2} = \frac{3}{10}$$

Gemischte Zahlen müssen beim Multiplizieren zuvor in Brüche umgewandelt werden.

Beispiel

$$2\frac{1}{5} \cdot 1\frac{3}{4} = \frac{11}{5} \cdot \frac{7}{4} = \frac{11 \cdot 7}{5 \cdot 4} = \frac{77}{20} = 3\frac{17}{20}$$

Vor dem Ausrechnen ist nach Möglichkeit zu ▶ kürzen.

Beispiel

$$\frac{5}{8} \cdot \frac{4}{15} = \frac{\overset{1}{\cancel{5}} \cdot \overset{1}{\cancel{4}}}{\underset{2}{\cancel{8}} \cdot \underset{3}{\cancel{15}}} = \frac{1}{2} \cdot \frac{1}{3} = \frac{1}{6}$$

Rationale Zahlen

Wird ein Bruch mit einer ganzen Zahl multipliziert, läßt sich die gleiche Regel anwenden wie bei der Multiplikation von Brüchen. Denn eine ganze Zahl läßt sich als ein Bruch mit dem Nenner 1 auffassen.

Beispiel

$$\frac{3}{5} \cdot 4 = \frac{3}{5} \cdot \frac{4}{1} = \frac{3 \cdot 4}{5} = \frac{12}{5} = 2\frac{2}{5}$$

Wird ein Bruch mit seinem ▶ Kehrbruch multipliziert, so ist das Produkt 1.

Beispiel

$$\frac{3}{8} \cdot \frac{8}{3} = 1$$

Dividieren

Eine Zahl wird durch einen Bruch dividiert, indem man sie mit dem Kehrbruch multipliziert.

$$\frac{a}{b} : \frac{c}{d} = \frac{a}{b} \cdot \frac{d}{c} = \frac{a \cdot d}{b \cdot c}$$

Beispiele

$$\frac{2}{3} : \frac{1}{4} = \frac{2}{3} \cdot \frac{4}{1} = \frac{8}{3}$$

$$3 : \frac{2}{3} = 3 \cdot \frac{3}{2} = \frac{9}{2} = 4\frac{1}{2}$$

Den **Kehrbruch** (Kehrwert) erhält man, indem man den Zähler und den Nenner miteinander vertauscht.

Beispiel

$\frac{3}{4}$ ist der Kehrbruch von $\frac{4}{3}$.

Gemischte Zahlen werden vor dem Dividieren in Brüche umgewandelt.

Rationale Zahlen

Beispiel

$$3\frac{1}{2} : 2\frac{2}{3} = \frac{7}{2} : \frac{8}{3} = \frac{7}{2} \cdot \frac{3}{8} = \frac{21}{16} = 1\frac{5}{16}$$

Vor dem Ausrechnen ist nach Möglichkeit zu ▶ kürzen.

Beispiel

$$2\frac{2}{5} : \frac{8}{15} = \frac{12}{5} : \frac{8}{15} = \frac{\overset{3}{\cancel{12}}}{\underset{1}{\cancel{5}}} \cdot \frac{\overset{3}{\cancel{15}}}{\underset{2}{\cancel{8}}} = \frac{3}{1} \cdot \frac{3}{2} = \frac{9}{2} = 4\frac{1}{2}$$

Dezimalzahlen

Jeder Bruch läßt sich in Form einer Dezimalzahl schreiben, indem man den Zähler durch den Nenner dividiert. Dabei können abbrechende und nicht abbrechende Dezimalzahlen entstehen:
Abbrechende Dezimalzahlen erhält man bei Brüchen, deren Nenner nur die Primfaktoren 2 oder 5 enthalten.
Ein Bruch mit dem Nenner 10, 100, 1000 usw. läßt sich direkt als Dezimalzahl schreiben. Die erste Stelle nach dem Komma gibt die Zehntel, die zweite Stelle die Hundertstel, die dritte Stelle die Tausendstel an, usw.

Beispiele

$$\frac{19}{10} = 1\frac{9}{10} = 1,9 \qquad \frac{19}{100} = 0,19 \qquad \frac{19}{1000} = 0,019$$

Nicht abbrechende Dezimalzahlen erhält man bei Brüchen, die auch in der gekürzten Form mindestens einen Primfaktor im Nenner enthalten, der von 2 und 5 verschieden ist. Die Ziffern nach dem Komma wiederholen sich von einer gewissen Stelle an. Man nennt die Folge der sich wiederholenden Ziffern **Periode**.

Beispiele

$$\frac{1}{9} = 1 : 9 = 0,111\ldots = 0,\overline{1}$$

lies: Null Komma Periode 1

$$\frac{13}{7} = 13 : 7 = 1,857142857142\ldots = 1,\overline{857142}$$

Rationale Zahlen

Umwandlung von Dezimalzahlen in gewöhnliche Brüche

Abbrechende Dezimalzahlen lassen sich ohne Rechnung in gewöhnliche Brüche mit Zähler und Nenner umwandeln.

Beispiele

$$0{,}41 = \frac{41}{100} \qquad 12{,}5 = \frac{125}{10} = \frac{25}{2} \qquad 3{,}125 = \frac{3125}{1000}$$

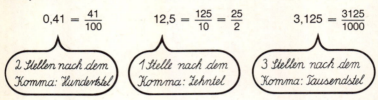

2 Stellen nach dem Komma: Hundertstel

1 Stelle nach dem Komma: Zehntel

3 Stellen nach dem Komma: Tausendstel

Rechenregeln für Dezimalzahlen

Addieren und Subtrahieren

Man addiert bzw. subtrahiert Dezimalzahlen, indem man sie stellengerecht untereinandersetzt (Komma unter Komma) und im übrigen so verfährt wie bei den ▶ natürlichen Zahlen.

Beispiele

```
   0,001          2,544         34,120         18,473
 + 0,02         + 13,421       − 12,712       −  9,45
 + 0,3          +  4,2          21,408          9,023
   0,321         20,165
```

Komma im Ergebnis nicht vergessen

Multiplizieren

Man multipliziert Dezimalzahlen zunächst ohne Rücksicht auf das Komma wie natürliche Zahlen. Im Ergebnis stehen rechts vom Komma so viele Stellen, wie die beiden Faktoren zusammen Stellen haben.
Die Stellung des Kommas läßt sich auch mit einer ▶ Überschlagsrechnung ermitteln.

Rationale Zahlen

Beispiel

Wird eine Dezimalzahl mit einer Zehnerpotenz wie 10, 100, 1000, ... multipliziert, so verschiebt sich das Komma um so viele Stellen nach rechts, wie die Zehnerpotenz Nullen hat.

Beispiele

12,255 · 100 = 1225,5
0,037 · 10 = 0,37
0,05 · 10000 = 0,0500 · 10000 = 500

Dividieren

1. Möglichkeit
Man erweitert mit einer Zehnerpotenz so, daß die 2. Zahl eine ganze Zahl wird. Dann dividiert man wie bei natürlichen Zahlen. Beim Überschreiten des Kommas wird im Quotienten das Komma gesetzt.

Beispiel

16,425 : 2,25 =
1642,5 : 225 = 7,3
1575
  675
  675
    0

2. Möglichkeit
Man dividiert zunächst, ohne das Komma zu berücksichtigen, wie bei natürlichen Zahlen. Die Stellung des Kommas im Ergebnis ermittelt man durch Überschlagsrechnung.

Beispiel

7,8 : 1,2 =
Überschlag: 7 : 1 = 7
7,8 : 1,2 = 6,5

Potenzen

Schreibweise für Potenzen

Produkte aus gleichen Faktoren lassen sich besser als Potenzen schreiben.

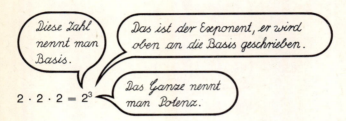

$2 \cdot 2 \cdot 2 = 2^3$

Der Exponent gibt an, wie oft die Basis mit sich selbst multipliziert werden muß.

$a \cdot a \cdot a \cdot a \cdot a = a^5$

$\underbrace{x \cdot x \cdot x \cdot \ldots \cdot x}_{n\ mal} = x^n$

Beispiele

$2^3 = 2 \cdot 2 \cdot 2 = 8$
$3^4 = 3 \cdot 3 \cdot 3 \cdot 3 = 81$

Besondere Potenzen

$a^1 = a \qquad a^0 = 1 \qquad a^{-1} = \frac{1}{a} \qquad a^{-n} = \frac{1}{a^n} \qquad a^{\frac{1}{2}} = \sqrt{a} \qquad a^{\frac{1}{n}} = \sqrt[n]{a}$

Beispiele

$10^1 = 10 \qquad 2^0 = 1 \qquad 3^{-1} = \frac{1}{3} \qquad 10^{-3} = \frac{1}{10^3} \qquad 5^{\frac{1}{2}} = \sqrt{5} \qquad 8^{\frac{1}{3}} = \sqrt[3]{8}$

Rechenregeln für Potenzen

$a^m \cdot a^n = a^{m+n}$

Man multipliziert Potenzen mit gleicher Basis, indem man die Exponenten addiert und die Basis beibehält.

Potenzen

Beispiele

$9^2 \cdot 9^3 = 9^{2+3} = 9^5$ $\qquad 2^{\frac{1}{2}} \cdot 2^{\frac{1}{2}} = 2^{\frac{1}{2}+\frac{1}{2}} = 2^1 = 2$
$(-3)^4 \cdot (-3) = (-3)^{4+1} = (-3)^5$

$a^m : a^n = a^{m-n}$

Man dividiert Potenzen mit gleicher Basis, indem man den Exponenten der 2. Zahl vom Exponenten der 1. Zahl subtrahiert und die Basis beibehält.

Beispiele

$10^5 : 10^3 = 10^{5-3} = 10^2 \qquad 10^3 : 10^5 = 10^{3-5} = 10^{-2} = \dfrac{1}{10^2}$

$2^1 : 2^{\frac{1}{2}} = 2^{1-\frac{1}{2}} = 2^{\frac{1}{2}} = \sqrt{2}$

$a^m \cdot b^m = (a + b)^m$

Bei Produkten von Potenzen mit gleichem Exponenten läßt sich der Exponent ausklammern.

Beispiele

$2^4 \cdot 5^4 = (2 \cdot 5)^4 = 10^4$
$(-3)^2 \cdot (+4)^2 = (-3 \cdot 4)^2 = (-12)^2$

$a^m : b^m = \left(\dfrac{a}{b}\right)^m$

Bei Quotienten von Potenzen mit gleichem Exponenten läßt sich der Exponent ausklammern.

Beispiel

$10^4 : 5^4 = \left(\dfrac{10}{5}\right)^4 = 2^4$

$(a^r)^s = a^{r \cdot s}$

Wird eine Potenz nochmals potenziert, so kann man aus den Exponenten das Produkt bilden und die Basis beibehalten.

Beispiel

$(2^2)^3 = 2^{2 \cdot 3} = 2^6$

Terme

Verbindung der Grundrechenarten

Werden Zahlen oder Platzhalter durch + oder − oder · oder : verknüpft, so entsteht ein **Term**. Auch alleinstehende Zahlen und Platzhalter sind Terme.

Beispiele

2; x; 2 + x; 5x + y : 5; (a + b) · (a − b); m · x

Rechenregeln für Terme

Sollen in einem Term Verknüpfungen vorrangig ausgeführt werden, so werden Klammern gesetzt.

Beispiele

(2 + 5) · 3 = 7 · 3 = 21;   2 + (5 · 3) = 2 + 15 = 17

Wenn man das ▶ Assoziativgesetz anwenden kann, können Klammern weggelassen werden.

Beispiele

(a + b) + c = a + b + c   a · (b · c) = a · b · c

(3 + 4) + 5 = 3 + 4 + 5 = 12   2 · (7 · 6) = 2 · 7 · 6 = 84

Treten in einem Term sowohl Punktrechnungen (· oder :) als auch Strichrechnungen (+ oder −) auf, so gelten folgende Vereinbarungen:
1. Punktrechnung geht vor Strichrechnung.
2. Was in Klammern steht, wird zuerst gerechnet.

Beispiele

7 + 3 · 4 = 7 + 12 = 19
8 − 12 : 3 = 8 − 4 = 4
5 · (3 + 4) = 5 · 7 = 35
(8 + 4) : 6 = 12 : 6 = 2

Terme

Addition von Klammerausdrücken

Steht vor einer Klammer ein Pluszeichen, so kann die Klammer ohne weiteres weggelassen werden; die Zeichen in der Klammer bleiben erhalten.

Beispiele

$3 + (4 + 5) = 3 + 4 + 5 = 12$
$8 + (5 - 3) = 8 + 5 - 3 = 10$

Subtraktion von Klammerausdrücken

Soll eine Klammer weggelassen werden, vor der ein Minuszeichen steht, so müssen die Rechenzeichen in der Klammer geändert werden. Aus + wird — und umgekehrt.

Beispiele

$9 - (2 + 5) = 9 - 2 - 5 = 2$
$-8 - (-5 - 2) = -8 + 5 + 2 = -1$

Multiplikation von Klammerausdrücken

Wird eine Summe oder Differenz mit einer Zahl multipliziert, so wird jedes Glied der Summe bzw. der Differenz mit dieser Zahl multipliziert. Es gilt das **Distributivgesetz**.

Beispiele

$a \cdot (b + c) = a \cdot b + a \cdot c$
$5 \cdot (4 + 3) = 5 \cdot 4 + 5 \cdot 3 = 20 + 15 = 35$
$(8 - 3) \cdot 2 = 8 \cdot 2 - 3 \cdot 2 = 16 - 6 = 10$

Werden Terme miteinander multipliziert, die Summen oder Differenzen darstellen, so wird jede Zahl der ersten Klammer mit jeder Zahl der zweiten Klammer multipliziert. Man nennt das „Klammern ausmultiplizieren".

Beispiele

$(a + b) \cdot (c + d) = ac + ad + bc + bd$
$(4 + 5) \cdot (3 + 2) = 4 \cdot 3 + 4 \cdot 2 + 5 \cdot 3 + 5 \cdot 2$
$ = 12 + 8 + 15 + 10 = 45$

Terme

$(4 + 7) \cdot (5 - 2) = 4 \cdot 5 - 4 \cdot 2 + 7 \cdot 5 - 7 \cdot 2$
$= 20 - 8 + 35 - 14$
$= 33$

Binomische Formeln

Bestimmte Terme lassen sich einfacher mit Hilfe der **binomischen Formeln** berechnen.

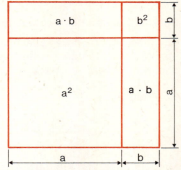

$(a + b)^2$ $= (a + b) \cdot (a + b)$
$= aa + ab + ba + bb$
$= \mathbf{a^2 + 2ab + b^2}$

$(a - b)^2$ $= (a - b) \cdot (a - b)$
$= aa - ab - ba + bb$
$= \mathbf{a^2 - 2ab + b^2}$

$(a + b) \cdot (a - b)$ $= aa - ab + ba - bb = \mathbf{a^2 - b^2}$

In der Abbildung ist die binomische Formel $(a + b)^2$ veranschaulicht.

Division von Klammerausdrücken

Will man eine Summe oder Differenz durch eine Zahl dividieren, so dividiert man jedes Glied der Summe bzw. der Differenz durch diese Zahl. Auch hier gilt das ▶ Distributivgesetz.

Beispiele

$(a + b) : c = a : c + b : c$
$(12 + 6) : 3 = 12 : 3 + 6 : 3 = 4 + 2 = 6$
$(-18 + 6) : 2 = (-18) : 2 + 6 : 2 = -9 + 3 = -6$
$a : (b + c) \neq a : b + a : c$
$18 : (9 - 3) \neq 18 : 9 - 18 : 3$

Wenn durch Terme mit Klammern dividiert wird, kann man das Distributivgesetz nicht anwenden.

Zuordnungen

Verschiedene Zuordnungen

In vielen Situationen des täglichen Lebens werden Größen anderen Größen zugeordnet.

Beispiele

1. Eine Schachtel Streichhölzer kostet 10 Pf, zwei Schachteln kosten 20 Pf, drei Schachteln kosten 30 Pf usw.
Jeder Anzahl von Schachteln ist hier ein Preis zugeordnet.

2. Für Kleinverbraucher bietet ein Elektrizitätswerk folgende Tarife an: Es sind monatlich 5 DM Grundpreis zu zahlen und zusätzlich 50 Pf für jede verbrauchte Kilowattstunde.
Jedem monatlichen Stromverbrauch ist ein bestimmter Preis zugeordnet.

3. Fährt man mit einer Geschwindigkeit von 30 km/h, so wird in 2 Stunden ein Weg von 60 km zurückgelegt. Fährt man dieselbe Strecke mit 60 km/h, so benötigt man nur 1 Stunde.
Jeder Geschwindigkeit wird eine bestimmte Reisedauer zugeordnet.

4. In einer Wetterstation wird gemessen, wie hoch die tägliche Niederschlagsmenge ist.
Jedem Datum wird eine Niederschlagshöhe zugeordnet.

In den ersten drei Beispielen lassen sich weitere Paare von einander zugeordneten Größen berechnen. Deswegen spricht man hier von **gesetzmäßigen** Zuordnungen. Die Zuordnung in Beispiel 4 ist nicht gesetzmäßig; die Niederschlagsmenge der folgenden Tage läßt sich nicht berechnen.

Proportionale Zuordnungen

Gehört bei einer Zuordnung zum Doppelten, Dreifachen, ... der ersten Größe das Doppelte, Dreifache, ... der zweiten Größe und zur Hälfte, einem Drittel, ... der ersten Größe die Hälfte, ein Drittel, ... der zweiten Größe, so heißt sie **proportional**.

Zuordnungen

Die einander zugeordneten Größen können als Punkte in einem Achsenkreuz dargestellt werden. Sie liegen bei einer proportionalen Zuordnung auf einer Geraden, die durch den Ursprung des Achsenkreuzes verläuft.
Kennt man bei einer proportionalen Zuordnung ein Paar einander zugeordneter Größen, so können auch alle anderen Paare zeichnerisch oder rechnerisch ermittelt werden.

Beispiele

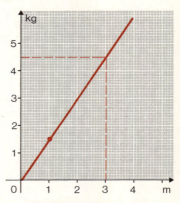

1. Ein 1 m langes Rohr wiegt 1,5 kg. Wieviel wiegen 2 m, 3 m, 4 m, 5 m desselben Rohres?
Die Zuordnung
Länge des Rohres ⟶ Gewicht
ist proportional, weil z. B. ein doppelt so langes Rohr auch doppeltes Gewicht hat. Bei der Darstellung im Achsenkreuz ergibt sich eine Gerade durch den Ursprung und den Punkt (1; 1,5). Damit lassen sich weitere Größenpaare ablesen: (2; 3); (3; 4,5); (4; 6) und (5; 7,5).
Man kann die anderen Größenpaare auch berechnen: Die Zuordnungsvorschrift läßt sich bei proportionalen Zuordnungen stets in der Form $x \mapsto mx$ angeben; (m ist eine rationale Zahl). Eine andere Schreibweise ist $y = m \cdot x$. Für Beispiel 1 gilt also:

Länge des Rohres in m (x)	4	2	12
Gewicht in kg (1,5 x)	6	3	18

) · 1,5

Zur Berechnung läßt sich vorteilhaft die ▶ Konstantenautomatik des Taschenrechners einsetzen; im Beispiel wird 1,5 als konstanter Faktor gewählt.

2. Zehn Webstühle verarbeiten täglich 240 kg Wolle. Wieviel kg Wolle werden in der gleichen Zeit von acht Webstühlen verarbeitet?
Die Zuordnung erfolgt zwischen einer Anzahl von Webstühlen und der verarbeiteten Wolle:

	Webstühle	kg Wolle	
$\frac{8}{10}$ der Webstühle...	· $\frac{8}{10}$ (10 ↘ 8	240 ↘ 192)	· $\frac{8}{10}$ ...verarbeiten $\frac{8}{10}$ der Wolle

Antiproportionale Zuordnungen

Gehört bei einer Zuordnung zum Doppelten, Dreifachen,... der ersten Größe die Hälfte, ein Drittel,... der zweiten Größe und zur Hälfte, einem Drittel,... der ersten Größe das Doppelte, das Dreifache,... der zweiten Größe, dann heißt sie **antiproportional**. Stellt man die Größenpaare als Punkte im Achsenkreuz dar, so liegen sie auf einer **Hyperbel** (siehe Figur 2).

Die Zuordnungsvorschrift bei antiproportionalen Zuordnungen läßt sich in der Form $x \mapsto \frac{m}{x}$ darstellen (m ist eine rationale Zahl). Eine andere Schreibweise ist $y = \frac{m}{x}$. Das Produkt der einander zugeordneten Größen ist stets m.

Beispiele

1. Vier Maschinen fertigen eine bestimmte Produktion in 6 Tagen. Wieviel Tage brauchen (2; 6; 12; 24) Maschinen für die gleiche Arbeit?

Die Zuordnung *Anzahl der Maschinen → Anzahl der Tage* ist antiproportional, da z. B. doppelt so viele Maschinen die gleiche Produktion in der Hälfte der Tage schaffen.

Die Zuordnungsvorschrift lautet $x \mapsto \frac{24}{x}$; denn das Produkt aus der Anzahl der Maschinen und der Anzahl der Tage ist gleich 24. Man kann weitere Paare der Zuordnung auch anhand einer Wertetabelle berechnen:

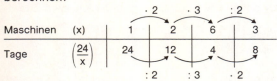

2. Fährt man mit einer Geschwindigkeit von 30 km/h, so wird eine Strecke von 60 km in 2 Stunden zurückgelegt. Wie lange braucht man bei einer Geschwindigkeit von 40 km/h für dieselbe Strecke?

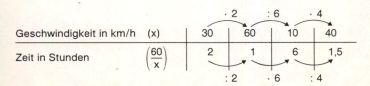

Zuordnungen

Darstellung im Achsenkreuz:

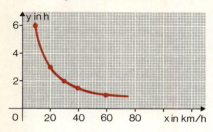

Fig. 2

Mehrfache Zuordnungen

Treten bei einem Sachverhalt mehrere Zuordnungen auf, so nennt man das eine **mehrfache Zuordnung**. Dabei können nur proportionale, nur antiproportionale oder proportionale und antiproportionale Zuordnungen vorkommen.

Beispiele

Nur proportionale Zuordnungen
Zehn Webstühle verarbeiten bei 7 Stunden Betriebszeit 210 kg Wolle zu Tuch. Wieviel kg Wolle werden zu Tuch verarbeitet, wenn sofort zwei Webstühle ausfallen und die übrigen 2 Stunden länger in Betrieb sind?
Gliedert man diesen Sachverhalt auf, so ergeben sich zwei Zuordnungen:
1. Webstühle → Wolle
2. Stunden → Wolle

1. Zuordnung:

Webstühle	Wolle/kg
10	210
8	168

$\cdot \frac{8}{10}$ $\cdot \frac{8}{10}$

Zwischenergebnis: In der Zeit von 7 Stunden verarbeiten 8 Webstühle 168 kg Wolle zu Tuch.

2. Zuordnung:

Stunden	Wolle/kg
7	168
9	216

$\cdot \frac{9}{7}$ $\cdot \frac{9}{7}$

Antwort: 8 Webstühle verarbeiten in 9 Stunden 216 kg Wolle zu Tuch.

Zuordnungen

Proportionale und antiproportionale Zuordnung
20 kg Garn ergeben bei einer Tuchbreite von 80 cm eine Tuchlänge von 60 m. Welche Tuchlänge erhält man aus 30 kg Garn bei 90 cm Tuchbreite?
Die 1. Zuordnung Garn → Tuchlänge ist proportional, denn z. B. ergibt doppelt soviel Garn bei unveränderter Tuchbreite auch ein doppelt so langes Tuch.
Die 2. Zuordnung Tuchbreite → Tuchlänge ist antiproportional, denn z. B. wird ein doppelt so breites Tuch bei gleicher Materialmenge halb so lang.

1. Zuordnung

Garn/kg	Tuchlänge/m
20	60
30	90

$\cdot \frac{30}{20}$ $\qquad$ $\cdot \frac{3}{2}$

Zwischenergebnis: 30 kg Garn ergeben bei 80 cm Tuchbreite 90 m Tuchlänge.

2. Zuordnung

Tuchbreite/cm	Tuchlänge/m
80	90
90	80

$\cdot \frac{90}{80}$ $\qquad$ $\cdot \frac{9}{8}$

Antwort: Bei einer Tuchbreite von 90 cm ergeben 30 kg Garn eine Tuchlänge von 80 m.

Zuordnungen

Lineare Zuordnungen

Zuordnungen, die durch Geraden im Achsenkreuz dargestellt werden können, heißen **lineare Zuordnungen**. Man kann sie zeichnen, wenn man die Koordinaten zweier Punkte kennt. Lineare Zuordnungen sind Zuordnungen der Form $x \mapsto m \cdot x + c$ bzw. $y = m \cdot x + c$. Proportionale Zuordnungen sind Sonderfälle linearer Zuordnungen.

Beispiele

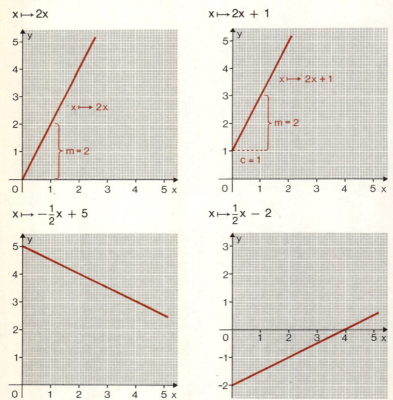

Lassen sich zwischen Größenpaaren einer Zuordnung nur stückweise geradlinige Verbindungen herstellen, so spricht man von einer **stückweisen linearen Zuordnung**.

Zuordnungen

Beispiel

Parkzeit	Parkgebühr
bis 1 h	1,00 DM
bis 2 h	2,20 DM
bis 3 h	3,40 DM
bis 4 h	4,60 DM
...	...

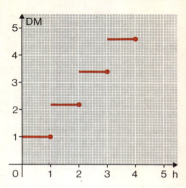

Quadratische Zuordnungen

Wird einer Zahl ihr Quadrat zugeordnet, so ist dies ein Beispiel einer quadratischen Zuordnung. Quadratische Zuordnungen sind solche der Form $x \mapsto ax^2$ bzw. $y = ax^2$. Stellt man die Punkte einer quadratischen Zuordnung im Achsenkreuz dar, so erhält man eine **Parabel**.
Zur Berechnung von Quadraten einer Zahl benutzt man häufig den Taschenrechner.

Beispiel

$45^2 = ?$

45 [x] [=]   oder 45 [x²]

▼   ▼

2025   2025

Quadratische Zuordnungen treten in verschiedenen Sachzusammenhängen auf.

Beispiele

1. Berechne den Flächeninhalt der Quadrate mit den Seitenlängen 1 cm; 2 cm; 3 cm ...
Jeder Seitenlänge x wird der Flächeninhalt x^2 zugeordnet.

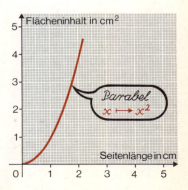

Parabel $x \mapsto x^2$

Zuordnungen

2. Der Bremsweg eines Autos hängt von seiner Geschwindigkeit ab. Zur Berechnung des Bremsweges benutzt man die Faustregel: Dividiere die Maßzahl x der Geschwindigkeit in km/h durch 10 und multipliziere das Ergebnis mit sich selbst. Damit erhältst du den Bremsweg in m. Die Zuordnung heißt Geschwindigkeit → Länge des Bremsweges.

$x \mapsto \left(\dfrac{x}{10}\right)^2$ bzw. $y = \left(\dfrac{x}{10}\right)^2$

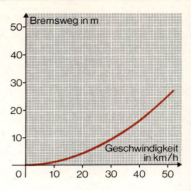

Geschw. km/h	10	20	30	40	50
Bremsweg/m	1	4	9	16	25

Wurzeln

Die positive Zahl, die mit sich selbst multipliziert a ergibt, heißt **Quadratwurzel** aus a. Man schreibt: $\sqrt{a}$. Das Bestimmen von $\sqrt{a}$ heißt Wurzelziehen. Zum Wurzelziehen benutzt man oft den Taschenrechner.

Beispiel

$\sqrt{30} = ?$

Tastenfolge: 30 $\boxed{\sqrt{}}$

▼

5.4772255

Wurzeln werden häufig in geometrischen Aufgaben berechnet; vergleiche: ▶ Quadrat, ▶ Kreis, ▶ Satz des Pythagoras.

Prozentrechnung

Grundbegriffe der Prozentrechnung

Um Anteile miteinander vergleichen zu können, schreibt man sie oft als **Prozent**. Für $\frac{p}{100}$ sagt man auch p Prozent, schreibt **p%** und nennt p% den Prozentsatz.

Beispiel

Von den 50 Mitgliedern einer Gymnastikgruppe sind 30 weiblich. Das sind $\frac{30}{50} = \frac{60}{100} = 60\%$ (60 Prozent). Im Fußballverein sind unter den 300 Mitgliedern 90 Frauen. Ihr Anteil an allen Mitgliedern ist $\frac{90}{300} = \frac{30}{100} = 30\%$.

Der Anteil der Frauen ist in der Gymnastikgruppe größer als im Fußballverein.

In der Prozentrechnung werden die auftretenden Größen stets mit folgenden Begriffen benannt: Das Ganze, von dem ein Teil betrachtet wird, heißt **Grundwert (G)**. Im Beispiel sind die Grundwerte bei der Gymnastikgruppe: G = 50 Mitglieder, beim Fußballverein: G = 300 Mitglieder.

Der Teil des Ganzen heißt **Prozentwert (P)**. Im Beispiel sind die Prozentwerte bei der Gymnastikgruppe: P = 30 Mitglieder, beim Fußballverein: P = 90 Mitglieder.

Wird ein Anteil als $\frac{p}{100}$, also als p% angegeben, so nennt man **p%** den **Prozentsatz**. Im Beispiel sind die Anteile bei der Gymnastikgruppe 60%, also ist der Prozentsatz p% = 60%, bei dem Fußballverein 30%; also ist der Prozentsatz p% = 30%.

In der Prozentrechnung gibt es drei Grundaufgaben: Es ist entweder der Prozentsatz, der Prozentwert oder der Grundwert gesucht.

Berechnen des Prozentsatzes

$p\% = \frac{p}{100} = \frac{P}{G}$ in Worten: Prozentsatz = $\frac{\text{Prozentwert}}{\text{Grundwert}}$

Prozentrechnung

Zur Berechnung mit dem Taschenrechner kann man nachstehende Tastenfolge wählen:

Beispiel

Während einer Verkehrskontrolle wurden 243 Fahrzeuge untersucht. Bei 58 Fahrzeugen wurden Mängel an der Beleuchtung festgestellt. Wieviel Prozent der Fahrzeuge waren das?

Prozentwert P = 58 Fahrzeuge
Grundwert G = 243 Fahrzeuge

1. Lösungsweg

Einsetzen in die Formel ergibt: $p\% = \frac{58}{243} = 23{,}8\% \approx 24\%$

Antwort: Rund 24% der Fahrzeuge hatten Mängel an der Beleuchtung.

2. Lösungsweg (mit Zuordnungstabelle)

Fahrzeuge	%
$\cdot\frac{58}{243}$ ⟨ 243 / 58	100 ⟩ ≈ 24 ⟨ $\cdot\frac{58}{243}$

Berechnen des Prozentwertes

$P = G \cdot \frac{p}{100}$ in Worten: Prozentwert = Grundwert · Prozentsatz

Zur Berechnung mit dem Taschenrechner benutzt man die nachfolgende Tastenfolge:

G × p ÷ 100 =
▼
P

Prozentrechnung

Beispiel

Im Sommerschlußverkauf soll ein Kleid, das ursprünglich 95 DM kostete, um 33% billiger verkauft werden. Wieviel DM beträgt die Verbilligung?

Grundwert $\quad$ G = 95 DM
Prozentsatz $\quad$ p% = 33%

1. Lösungsweg

Einsetzen in die Formel ergibt: $P = 95 \cdot \frac{33}{100}$ DM = 31,35 DM

Antwort: Die Verbilligung beträgt 31,35 DM.

2. Lösungsweg (mit Zuordnungstabelle)

%	DM
100	95
33	31,35

$\cdot \frac{33}{100}$ (...) $\cdot \frac{33}{100}$

Berechnen des Grundwertes

$G = \frac{P}{p\%}$ in Worten: Grundwert = $\frac{\text{Prozentwert}}{\text{Prozentsatz}}$

Zur Berechnung mit dem Taschenrechner benutzt man die nachstehende Tastenfolge:

P $\boxed{\times}$ 100 $\boxed{\div}$ p $\boxed{=}$
▼
G

Beispiel

Ein Stapel trockenes Birkenholz wiegt nur 70% von einem Stapel frisch geschlagenem Birkenholz. Wieviel t Birkenholz müssen geschlagen werden, damit man später 3,5 t trockenes Holz als Kaminholz anbieten kann?

1. Lösungsweg (mit dem Taschenrechner)

3,5 $\boxed{\times}$ 100 $\boxed{\div}$ 70 $\boxed{=}$
▼
5

Prozentrechnung

2. Lösungsweg (mit der Zuordnungstabelle)

%	t
70	3,5
100	5

$\cdot \dfrac{100}{70}$ auf der linken Seite, $\cdot \dfrac{10}{7}$ auf der rechten Seite.

Antwort: Es müssen 5 t Birkenholz geschlagen werden.

Vermehrter und verminderter Wert

Die Summe aus Grundwert und Prozentwert wird als **vermehrter Wert** bezeichnet. Die Differenz aus Grundwert und Prozentwert heißt **verminderter Wert**. Diese Begriffe spielen in zahlreichen Sachverhalten eine Rolle.

Beispiele

1. Ein Radio kostet 98 DM. Dazu kommen noch 14% Mehrwertsteuer. Wieviel DM beträgt der Endpreis?

Es ist nach dem vermehrten Wert gefragt. Er beträgt: $\dfrac{114}{100} = 1{,}14$ des Preises ohne MwSt. Der Faktor 1,14 heißt auch Wachstumsfaktor.

Tastenfolge:
98 $\boxed{\times}$ 1,14 $\boxed{=}$
▼
111,72

Antwort: Der Endpreis beträgt 111,72 DM.

2. Ein Computer kostet 1368 DM einschließlich Mehrwertsteuer. Wieviel würde das Gerät ohne Mehrwertsteuer kosten?

Der Gerätepreis mit Mehrwertsteuer entspricht 114%; ohne Mehrwertsteuer sind es 100%.

Lösung mit der Zuordnungstabelle

%	DM
114	1368
100	1200

$\cdot \dfrac{100}{114}$ auf der linken Seite, $\cdot \dfrac{100}{114}$ auf der rechten Seite.

Antwort: Das Gerät kostet ohne Mehrwertsteuer 1200 DM.

Zinsrechnung

Grundbegriffe der Zinsrechnung

Die Zinsrechnung ist angewandte ▶ Prozentrechnung. Bei Geldgeschäften verwendet man statt Grundwert, Prozentsatz und Prozentwert die Begriffe **Kapital, Zinssatz** und **Zinsen**.

(Grundwert)	(Prozentsatz)	(Prozentwert)
Kapital	Zinssatz	Zinsen
5000 DM	$\xrightarrow{\cdot\ 5\%}$	250 DM

Als weitere Größe spielt die **Zeit** bei der Zinsrechnung eine Rolle: Je länger ein Kapital zu einem bestimmten Zinssatz angelegt wird, desto höher sind die Zinsen. Wenn nichts anderes vereinbart wird, gibt der Zinssatz an, wieviel % Zinsen nach 1 Jahr zu zahlen sind. Für Bruchteile von einem Jahr wird der entsprechende Bruchteil der Jahreszinsen berechnet. Hierbei wird das Jahr mit 360 Tagen und ein Monat mit 30 Tagen festgelegt.

Berechnen der Zinsen

$$Z = \frac{K \cdot p \cdot t}{100 \cdot 360} \quad \text{in Worten:} \quad \text{Zinsen} = \frac{\text{Kapital} \cdot \text{Zinssatz} \cdot \text{Zeit}}{360}$$

Tastenfolge:

K $\boxed{\times}$ p $\boxed{\times}$ t $\boxed{\div}$ 100 $\boxed{\div}$ 360 $\boxed{=}$
    ▼
    Z

oder kürzer:

K $\boxed{\times}$ p $\boxed{\times}$ t $\boxed{\div}$ 36 000 $\boxed{=}$
    ▼
    Z

Beispiele

1. Ein Sparguthaben von 1500 DM wird mit 3% verzinst. Wieviel DM Zinsen werden nach einem Jahr gutgeschrieben?
K = 1500 DM; p% = 3%; t = 360

Zinsrechnung

Lösung über die Formel

$$Z = \frac{1500 \cdot 3 \cdot 360}{100 \cdot 360} = 45$$

Lösung über die Tabelle

%	DM
$\cdot \frac{3}{100} \diagdown \begin{matrix} 100 \\ 3 \end{matrix}$	$\begin{matrix} 1500 \\ 45 \end{matrix} \diagdown \cdot \frac{3}{100}$

Antwort: Es werden am Jahresende 45 DM gutgeschrieben.

2. Eine Rechnung über 600 DM wird erst 50 Tage später als vereinbart bezahlt. Daraufhin werden 6% Verzugszinsen gefordert.
Wie hoch ist die Nachforderung?

1. Lösungsweg

Tastenfolge:
600 × 6 × 50 ÷ 36 000 =
▼
5

2. Lösungsweg (Zuordnungstabelle)

1. Zuordnung   2. Zuordnung

Antwort: Es werden 5 DM nachgefordert.

Berechnen des Zinssatzes

$$p\% = \frac{Z \cdot 360}{K \cdot t} \quad \text{in Worten:} \quad \text{Zinssatz} = \frac{\text{Zinsen} \cdot 360}{\text{Kapital} \cdot \text{Zeit}}$$

Tastenfolge:
Z × 36 000 ÷ K ÷ t =
▼
p%

Beispiel

In einer Zeitungsanzeige steht: „Wer leiht mir 2000 DM? Zahle nach 3 Monaten 2200 DM zurück." Welcher Zinssatz wird angeboten?
t = 3 · 30 Tage = 90 Tage
K = 2000 DM
Z = 2200 DM − 2000 DM = 200 DM

Zinsrechnung

1. Lösungsweg

$$p\% = \frac{200 \cdot 360 \cdot 100}{2000 \cdot 90} = 40\%$$

2. Lösungsweg (Zuordnungstabelle)

1. Zuordnung

t	DM
$\cdot \frac{360}{90}$ ⟨ 90	200 ⟩ $\cdot 4$
360	800

2. Zuordnung

DM	%
$\cdot \frac{800}{2000}$ ⟨ 2000	100 ⟩ $\cdot \frac{8}{20}$
800	40

Antwort: Es werden 40% Zinsen angeboten.

Berechnen des Kapitals

$$K = \frac{Z \cdot 360}{p\% \cdot t} \quad \text{in Worten:} \quad \text{Kapital} = \frac{\text{Zinsen} \cdot 360}{\text{Zinssatz} \cdot \text{Zeit}}$$

Tastenfolge:

Z × 36 000 ÷ p ÷ t =
                  ▼
                  K

Beispiel

Für seine Alterssicherung möchte ein Geschäftsmann soviel Geld in Pfandbriefen zu 6% anlegen, daß er einen monatlichen Zinsertrag von 500 DM hat. Welches Kapital ist erforderlich?

Z = 500 DM; p% = 6%; t = 30 Tage

1. Lösungsweg (Formel)

$$K = \frac{500 \cdot 100 \cdot 360}{6 \cdot 30} = 100\,000$$

Antwort: Es sind 100 000 DM als Kapital erforderlich.

2. Lösungsweg (Zuordnungstabelle)

1. Zuordnung

t	DM
$\cdot \frac{360}{30}$ ⟨ 30	500 ⟩ $\cdot 12$
360	6000

2. Zuordnung

DM	%
$\cdot \frac{100}{6}$ ⟨ 6000	6 ⟩ $\cdot \frac{100}{6}$
100 000	100

Zinsrechnung

Berechnen der Zeit

$t = \dfrac{Z \cdot 360}{K \cdot p\%}$ in Worten: $\text{Zeit} = \dfrac{\text{Zinsen} \cdot 360}{\text{Kapital} \cdot \text{Zinssatz}}$

Tastenfolge:
Z $\boxed{\times}$ 36 000 $\boxed{\div}$ K $\boxed{\div}$ p $\boxed{=}$
▼
t

Beispiel

Dieter hat 300 DM auf einem Sparkonto mit 3 %iger Verzinsung. Wie lange dauert es, bis 1 DM Zinsen aufgelaufen sind?

1. Lösungsweg (Formel)

$t = \dfrac{1 \cdot 100 \cdot 360}{300 \cdot 3} = 40$

Antwort: Nach 40 Tagen fallen 1 DM Zinsen an.

2. Lösungsweg (Tabelle)

1. Zuordnung

%	DM
100	300
3	9

$\cdot \dfrac{3}{100}$ (links), $\cdot \dfrac{3}{100}$ (rechts)

2. Zuordnung

DM	t
9	360
1	40

$\cdot \dfrac{1}{9}$ (links), $\cdot \dfrac{1}{9}$ (rechts)

Antwort: Nach 40 Tagen fallen 1 DM Zinsen an.

Zinsrechnung

Zinseszinsrechnung

Wird ein Kapital samt der anfallenden Zinsen für mehr als ein Jahr festgelegt, so werden die Zinsen dem Anfangskapital zugeschlagen und mitverzinst. In diesem Fall spricht man von **Zinseszinsen**. Werden p% Zinsen gezahlt, so wird das jeweils vorhandene Kapital nach Ablauf eines Jahres mit dem Faktor $q = (1 + \frac{p}{100})$ multipliziert.
q heißt **Zinsfaktor** oder ▶ **Wachstumsfaktor**.

Beispiele

1. Ist $p = 7$, so ist $q = 1 + \frac{7}{100} = 1{,}07$. Bei einem Anfangskapital K_0 hat man nach einem Jahr das Kapital $K_1 = K_0 \cdot 1{,}07$. Daraus ergibt sich folgende Formel für die Berechnung des Endkapitals K_n am Ende des n-ten Jahres: $K_n = K_0 \cdot \underbrace{1{,}07 \cdot 1{,}07 \cdot \ldots \cdot 1{,}07}_{\text{n mal}}$

$$K_n = K_0 \cdot q^n$$

Zur Berechnung des Endkapitals benutzt man eine Zinsfaktorentabelle oder einen Taschenrechner.
Für Taschenrechner ohne $\boxed{y^x}$-Taste benutzt man die Konstantenautomatik:

q $\boxed{\times}$ $\underbrace{\boxed{=}\boxed{=} \ldots \boxed{=}}_{(n-1)\text{ mal}}$ $\boxed{\times}$ K_0 $\boxed{=}$;

Für Taschenrechner mit $\boxed{y^x}$-Taste gilt.

q $\boxed{y^x}$ n $\boxed{\times}$ K_0 $\boxed{=}$
▼
K_n

2. 300 DM werden 5 Jahre lang mit 4% verzinst. Berechne das Endkapital mit Zinseszinsen.

$K_0 = 300$ DM; p% = 4%; n = 5; also ist
$q = (1 + \frac{4}{100}) = 1{,}04$ und somit
$K_5 = 300 \cdot (1{,}04)^5 = 365$ DM

Tastenfolge:
1.04 $\boxed{\times}$ $\boxed{=}$ $\boxed{=}$ $\boxed{=}$ $\boxed{=}$ $\boxed{\times}$ 300 $\boxed{=}$
▼
364.99584

Antwort: Das Endkapital beträgt rund 365 DM.

Größen (Sachrechnen)

Maßzahl und Einheit

Bei allen Messungen werden Größen verwendet.

Beispiel

Ein Auto ist 4,25 m lang, kostet 14 350 DM, wiegt 1050 kg und erreicht eine Spitzengeschwindigkeit von 163 $\frac{km}{h}$.

Eine Größe besteht aus einer Maßzahl und einer Einheit:

1050 kg	4,25 m	163 $\frac{km}{h}$
Maßzahl Einheit	Maßzahl Einheit	Maßzahl Einheit

Für die Einheit einer Größe kann man die Grundeinheit wählen oder man nimmt, je nach Sachsituation, eine größere oder kleinere Einheit. Dabei wird die Maßzahl mit einer **Umwandlungszahl** multipliziert bzw. dividiert.

Beispiele

1,050 t = 1050 kg = 1 050 000 g   Die Umwandlungszahl ist hier 1000.
   · 1000   · 1000

535 mm = 53,5 cm = 5,35 dm   Die Umwandlungszahl ist hier 10.
   : 10   : 10

Einheiten der Masse

Grundeinheit der Masse ist das Kilogramm (kg); es wird unterteilt in Gramm (g) und Milligramm (mg). Große Massen werden in Tonnen (t) gemessen. Die Umwandlungszahl ist 1000.

1 t = 1000 kg	1 kg = 0,001 t
1 kg = 1000 g	1 g = 0,001 kg
1 g = 1000 mg	1 mg = 0,001 g

Größen (Sachrechnen)

Einheiten der Zeit

Grundeinheit der Zeit ist die Sekunde (s); größere Zeiteinheiten sind die Minute (min) und die Stunde (h). Die Umwandlungszahl ist 60.

1 h = 60 min   **1 min = 60 s**

In vielen Bereichen (z. B. ▶ Zinsrechnung) wird auch in Tagen, Wochen, Monaten und Jahren gerechnet.

Einheiten der Länge

Für die Längenmessung nimmt man die Grundeinheit Meter (m). Ein Meter wird unterteilt in Dezimeter (dm), Zentimeter (cm) und Millimeter (mm). Die Umwandlungszahl ist 10.

1 m = 10 dm   **1 dm = 0,1 m**
1 dm = 10 cm   **1 cm = 0,1 dm**
1 cm = 10 mm   **1 mm = 0,1 cm**

Große Längen werden in Kilometer (km) gemessen.

1 km = 1000 m   **1 m = 0,001 km**

Einheiten der Fläche

Grundeinheit für die Flächenmessung ist der Quadratmeter (m^2). Er wird unterteilt in Quadratdezimeter (dm^2), Quadratzentimeter (cm^2) und Quadratmillimeter (mm^2). Große Flächeninhalte werden in Quadratkilometer (km^2) gemessen; ein Quadratkilometer wird in Hektar (ha) und Ar (a) unterteilt. Die Umwandlungszahl ist 100.

1 km^2 = 100 ha   **1 ha = 0,01 km^2**
1 ha = 100 a   **1 a = 0,01 ha**
1 a = 100 m^2   **1 m^2 = 0,01 a**
1 m^2 = 100 dm^2   **1 dm^2 = 0,01 m^2**
1 dm^2 = 100 cm^2   **1 cm^2 = 0,01 dm^2**
1 cm^2 = 100 mm^2   **1 mm^2 = 0,01 cm^2**

Größen (Sachrechnen)

Einheiten des Raumes

Grundeinheit für die Raummessung ist der Kubikmeter (m³). Er wird unterteilt in Kubikdezimeter (dm³), Kubikzentimeter (cm³) und Kubikmillimeter (mm³). Die Umwandlungszahl ist 1000.

1 m³ = 1000 dm³   **1 dm³ = 0,001 m³**
1 dm³ = 1000 cm³   **1 cm³ = 0,001 dm³**
1 cm³ = 1000 mm³   **1 mm³ = 0,001 cm³**

Der Rauminhalt sehr großer Körper, z. B. von Planeten, wird auch in Kubikkilometer (km³) angegeben.

1 km³ = 1000 m · 1000 m · 1000 m = 1 000 000 000 m³

Bei Flüssigkeiten und Gasen gebraucht man auch die Bezeichnung 1 Liter (1 l) für die Menge, die einen Hohlraum von 1 dm³ füllen würde. Er wird in Milliliter (ml) unterteilt.

1 dm³ = 1 l = 1000 ml   **1 cm³ = 1 ml = 0,001 l**

Addieren und Subtrahieren von Größen

Es können nur Größen mit *derselben* Einheit addiert oder subtrahiert werden. Dazu werden die Maßzahlen addiert bzw. subtrahiert, und die Einheit wird beibehalten.

Beispiele

0,5 kg + 125 g = 500 g + 125 g = 625 g
oder   = 0,5 kg + 0,125 kg = 0,625 kg

1 h − 20 min − 50 s = 3600 s − 1200 s − 50 s = 2350 s

Größen (Sachrechnen)

Multiplizieren und Dividieren von Größen mit Zahlen

Vielfache oder Teile von Größen werden berechnet, indem man die Maßzahlen vervielfacht oder teilt. Vor dem Teilen ist es häufig vorteilhaft, wenn man in eine kleinere Einheit umwandelt.

Beispiele

7 · 3 kg = 21 kg
80 DM : 5 = 16 DM

18 cm · 5 = 90 cm
5 h : 6 = 300 min : 6 = 50 min

Multiplizieren und Dividieren von Größen mit Größen

Größen kann man mit anderen Größen multiplizieren, und man kann Größen durch Größen dividieren.

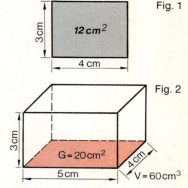

Fig. 1

Fig. 2

Beispiele

1. Das Produkt aus den Seitenlängen eines Rechtecks ergibt den Flächeninhalt des Rechtecks (Fig. 1).
3 cm · 4 cm = 3 · 4 cm^2 = 12 cm^2

2. Wenn man den Rauminhalt eines Quaders durch die Grundfläche teilt, erhält man die Höhe des Quaders.
60 cm^3 : 20 cm^2 = 3 cm

3. Der Quotient aus Weg und Zeit ergibt die Geschwindigkeit. Ein Flugzeug, das 1500 km in 2 h zurückgelegt hat, flog mit folgender Geschwindigkeit:
$\frac{1500 \text{ km}}{2 \text{ h}} = 750 \frac{\text{km}}{\text{h}}$

4. Das Produkt aus Geschwindigkeit und Zeit ergibt den zurückgelegten Weg.

Die Schallgeschwindigkeit in der Luft beträgt 340 $\frac{\text{m}}{\text{s}}$. In 3 s legt der Schall folgende Strecke zurück:

340 $\frac{\text{m}}{\text{s}}$ · 3 s = 340 · 3 m = 1020 m

Größen (Sachrechnen)

Überschlagen

In vielen Sachsituationen ist eine genaue Ausrechnung nicht erforderlich; es genügt eine grobe Näherung, um über das Problem zu entscheiden.
Eine grobe Näherung genügt ebenfalls, wenn bei einer Rechnung mit ▶ Dezimalbrüchen die Stellung des Kommas überprüft werden soll. In diesen Fällen führt man eine **Überschlagsrechnung** durch. Dazu werden die Zahlen so gerundet, daß man die Rechnung bequem im Kopf durchführen kann.

Beispiele

1. Ein Lastenaufzug darf bis 1250 kg belastet werden. Können 9 Kisten von jeweils 87,5 kg auf einmal transportiert werden?
Überschlag: 10 · 100 kg = 1000 kg < 1250 kg
Die Frage kann ohne genaue Rechnung mit ja beantwortet werden.

2. Bei der Rechnung 167,2125 : 6,125 = 27,3 soll die Stellung des Kommas überprüft werden.
Überschlag: 180 : 6 = 30.
Das Komma wurde also richtig gesetzt.

3. Jemand will mit seinem Taschenrechner die Aufgabe 31 400 · 59,4 lösen. Der Rechner zeigt das Ergebnis 18 651 600 an. Ist beim Eintippen der Faktoren vielleicht eine Null vergessen worden? Ist das Komma eingetippt worden?
Überschlag: 30 000 · 60 = 1 800 000
Das Überschlagsergebnis hat eine Stelle weniger als das errechnete Ergebnis; es ist also beim Eintippen ein Fehler unterlaufen.

Runden

In Sachaufgaben sind die Maßzahlen von Größen meist gerundet. Das heißt: Die jeweilige Maßzahl wurde vereinfacht, indem man von einer gewissen Stelle ab die richtigen Ziffern durch Nullen ersetzt hat.
Es gibt zwei Gründe für das Runden von Zahlen:

1. Man will die Zahlen durch das Runden leichter lesbar machen, wobei die entstehende Ungenauigkeit in dem Sachzusammenhang bedeutungslos ist.

Größen (Sachrechnen)

Beispiel

Die Bundesrepublik Deutschland hat 60 000 000 Einwohner.

2. Durch Messungen gewonnene Größen sind stets gerundet, da jedes Meßinstrument nur eine begrenzte Anzeigegenauigkeit hat.

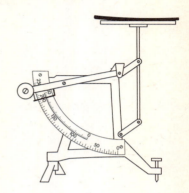

Beispiel

Der Brief wiegt rund 200 g. Die Briefwaage gibt das Gewicht auf 1 g genau an.

Rundungsregeln

1. Man entscheidet, ob auf ganze Zehner, Hunderter, Tausender, Zehntausender usw. gerundet werden soll. Das hängt von der jeweiligen Sachsituation ab.
2. Man versucht, den durch das Runden entstehenden Fehler möglichst klein zu halten.
Beim Runden auf Zehnerpotenzen bedeutet das: Ist die am weitesten links stehende Ziffer, die durch eine Null ersetzt werden soll, eine 5, 6, 7, 8 oder 9, so wird *auf*gerundet. In den übrigen Fällen wird *ab*gerundet.

Bei 1, 2, 3, 4: abrunden!   **Bei 5, 6, 7, 8, 9: aufrunden!**

Beispiele

1. Jemand wird auf einer digitalen Arztwaage gewogen; die Waage zeigt 73,48 kg an. Es soll auf ganze kg gerundet werden. In diesem Fall wird gemäß Regel 2 abgerundet: 73,48 kg $\approx$ 73 kg

2. Die Herstellungskosten eines Einfamilienhauses betrugen 287 389 DM. Der Preis soll auf ganze Zehntausender gerundet werden.

$$287\,389 \text{ DM} \approx 290\,000 \text{ DM}$$

Größen (Sachrechnen)

3. Bei einer Volkszählung werden in einer Stadt 87 389 Einwohner gezählt. Es soll auf ganze Tausender gerundet werden.

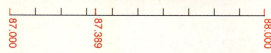

Die Zahl liegt dichter bei 87 000 als bei 88 000, also wird hier abgerundet: 87 389 ≈ 87 000.

Rechnen mit gerundeten Zahlen

Ist in einer Sachaufgabe auch nur eine Größe mit einer gerundeten Maßzahl vorhanden, so kann auch das Endergebnis nicht genau sein, und es muß angemessen gerundet werden.

Beispiele

1. Von Hamburg nach Stuttgart sind es 690 km. Ein Autofahrer fährt diese Strecke mit einer ungefähren Reisegeschwindigkeit von $90\frac{km}{h}$. Wie lange ist er unterwegs?

Rechnung: $690 \text{ km} : 90\frac{km}{h} = 7 \text{ h } 40 \text{ min} \approx 8 \text{ h}$

Begründung: In der Aufgabe sind die gegebenen Maßzahlen beide gerundet. Die Antwort „Er ist 7 h 40 min unterwegs" ist deshalb nur scheinbar genau.

2. In einem Freibad wurden von Montag bis Sonntag folgende Wassertemperaturen gemessen: 15°, 17°, 18°, 20°, 21°, 22°, 19°. Welche Durchschnittstemperatur hatte das Wasser in dieser Woche?
Rechnung $(15° + 17° + 18° + 20° + 21° + 22° + 19°) : 7$
$= 18,887... ° \approx 19°$
Begründung: Alle gemessenen Temperaturen sind auf ganze Grad gerundet.
Deshalb kann man auch die Durchschnittstemperatur nicht mit größerer Genauigkeit angeben.

3. In einem Großmarkt soll ein Restbestand von 1250 Beuteln Apfelsinen zu je 2,5 kg abtransportiert werden. Wieviel kg sind das?
Rechnung: $1250 \cdot 2,5 \text{ kg} = 3125 \text{ kg} \approx 3 \text{ t}$
Begründung: Wenn z. B. jede Apfelsinenpackung auch nur geringfügig das angegebene Gewicht überschreitet, so wird dieser Fehler durch die Multiplikation vervielfacht.

Größen (Sachrechnen)

Lösungswege bei Sachaufgaben

Übersichtlichkeit
Bei Sachaufgaben, deren Lösung aus mehreren Rechenschritten besteht, geht leicht die Übersicht verloren. Ein Lösungsweg bleibt übersichtlich und dadurch auch leicht nachprüfbar, wenn man jeden Rechenschritt mit einer Überschrift oder einem Stichwort versieht.

Beispiel

Ein Garten wird angelegt. Der Gärtner berechnet 13 Arbeitsstunden zu je 19,50 DM. Außerdem werden 6 kg Rasensamen verbraucht, das kg zu 9,80 DM. Dazu werden 15 Sträucher zu je 12,60 DM und 25 Stauden zu je 7,80 DM gepflanzt. Zusätzlich werden 14% Mehrwertsteuer berechnet. Wie hoch sind die Gesamtkosten?

Lohnkosten	19,50 DM · 13 =	253,50 DM
Rasen	9,80 DM · 6 =	58,80 DM
Sträucher	12,60 DM · 15 =	189,00 DM
Stauden	7,80 DM · 25 =	195,00 DM
Kosten für Lohn und Material		696,30 DM
Mehrwertsteuer	696,30 DM · 0,14 =	97,48 DM
Gesamtkosten		793,78 DM

Lösungsdiagramme
Gleichartige Sachsituationen, in denen sich nur die Maßzahlen der auftretenden Größen unterscheiden, lassen sich auf dieselbe Weise behandeln. Damit man nur ein einziges Mal über den Lösungsweg nachdenken muß, macht man sich ein **Programm**, z. B. in Form eines „Rechenbaumes", einer Tabelle, einer Tastenfolge für den Taschenrechner oder einer Formel.

Beispiele

1. In einem Versandhaus für Oberbekleidung berechnet man den Verkaufspreis der Waren nach folgendem Schema: Der Einkaufspreis E wird mit einem bestimmten Gewinnfaktor G multipliziert. Anschließend wird eine Verpackungskostenpauschale P hinzugerechnet; so erhält man den Bruttopreis. Der Verkaufspreis ergibt sich, wenn man noch die 14% Mehrwertsteuer aufschlägt.

(Das geschieht am besten, indem man den Bruttopreis mit $\frac{114}{100} = 1{,}14$ multipliziert; ▶ Wachstumsfaktor.)

Größen (Sachrechnen)

a) Rechenbaum
Man berechnet den Verkaufspreis bestimmter Waren, indem
man für die ▶ Platzhalter E, G, P
die jeweils gegebenen Werte
einsetzt.

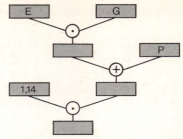

b) Tabelle
Eine Tabelle ist besonders gut dazu geeignet, die Einsetzungen für
die Platzhalter übersichtlich darzustellen und das jeweilige Ergebnis
einzutragen.

Ware (Bestell-Nr.)	E (DM)	G	P (DM)	Brutto-preis (DM)	Mehr-wert-steuer	Ver-kaufs-preis (DM)
A 1130	234,50	} 1,4	} 1,20	329,50	} 14%	375,63
A 1131	198,—			278,40		317,38
⋮						
B 1200	929,90	} 1,25	} 2,50	1164,88		1327,96
B 1201	1318,70			1650,88		1882,00

c) Tastenfolge: E × G + P = × 1.14 =
▼
V

2. Ein Bodenleger soll mehrere
Zimmer, die alle eine Nische
haben, mit Teppich auslegen.
Formel: $A = a \cdot b - c \cdot d$
Er erhält die Flächeninhalte der
Räume, indem er für die Platzhal-
ter der Formel jeweils die ent-
sprechenden Werte einsetzt.

$a = 2{,}20$ m; $b = 4{,}10$ m;
$c = 1{,}05$ m; $d = 1{,}05$ m
$A_1 = 2{,}20$ m $\cdot$ $4{,}10$ m $- (1{,}05$ m$)^2$
$= 7{,}9175$ m$^2 \approx 7{,}92$ m^2

$e = 3{,}85$ m; $f = 4{,}70$ m;
$g = 1{,}10$ m; $h = 0{,}85$ m
$A_2 = 3{,}85$ m $\cdot$ $4{,}70$ m
$\quad - 1{,}10$ m $\cdot$ $0{,}85$ m $= 17{,}16$ m^2

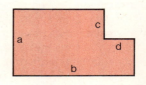
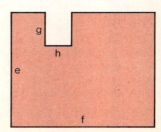

Gleichungen und Ungleichungen mit einem Platzhalter

Grundbegriffe

Platzhalter

In Termen bzw. Gleichungen wie $2 \cdot x$; $a + b$; $5 \cdot y = 7$ stehen die Zeichen x, a, b, y für Zahlen. Sie werden **Platzhalter** (auch Leerstelle oder Variable) genannt.

Für Platzhalter können Zahlen aus einer bestimmten Menge, genannt **Grundmenge**, eingesetzt werden.

Beispiel

Gegeben ist die Ungleichung $x + 1 < 5$.
Will man wissen, welche natürlichen Zahlen die Ungleichung erfüllen, so ist $\mathbb{N}$ die Grundmenge. Läßt man auch negative ganze Zahlen als Lösungen zu, dann ist $\mathbb{Z}$ die Grundmenge.

Lösungen und Lösungsmengen

Ersetzt man die Platzhalter durch Zahlen, so daß eine wahre Aussage entsteht, so heißen diese Zahlen **Lösungen**. Die Menge aller Lösungen einer Gleichung oder Ungleichung heißt **Lösungsmenge** (L).

Beispiele

1. $x + 3\frac{1}{2} = 8$ Grundmenge $\mathbb{Q}$

In diesem Fall besteht die Lösungsmenge aus genau einem Element: $L = \{4\frac{1}{2}\}$, da $4\frac{1}{2} + 3\frac{1}{2} = 8$ eine wahre Aussage ist, und da alle weiteren Einsetzungen von rationalen Zahlen falsche Aussagen ergeben.

2. $3 + x \leq 2$ Grundmenge $\mathbb{N}$
In diesem Fall ergibt keine Einsetzung einer natürlichen Zahl eine wahre Aussage. Man sagt deshalb, die Lösungsmenge ist leer: $L = \emptyset$

3. $3 + x \leq 2$ Grundmenge $\mathbb{Z}$
Gegenüber dem Beispiel 2 ist nur die Grundmenge verändert. Die Lösungsmenge hat nun unendlich viele Elemente: $L = \{-1, -2, -3, \ldots\}$

Gleichungen und Ungleichungen mit einem Platzhalter

4. x + y = 5   Grundmenge $\mathbb{N}$
Diese Gleichung enthält zwei Platzhalter und hat eine Lösungsmenge, deren Elemente **geordnete Paare** sind:
L = {(0;5), (1;4), (2;3), (3;2), (4;1), (5;0)}
Z. B. die Lösung (1;4) bedeutet: Wird 1 für x und 4 für y eingesetzt, so ergibt sich eine wahre Aussage: 1+4 = 5

Äquivalenzumformungen

Gleichungsumformungen, welche die Lösungsmenge nicht verändern, heißen **Äquivalenzumformungen**. Man löst eine Gleichung, indem man sie so lange äquivalent umformt, bis der Platzhalter allein und nur auf einer Seite steht. Dann ist die Lösung direkt ablesbar. Äquivalenzumformungen von Gleichungen oder Ungleichungen sind:

a) Addition bzw. Subtraktion derselben Zahl auf beiden Seiten der Gleichung oder Ungleichung.

Beispiele

Die Grundmenge ist jeweils $\mathbb{N}$.

1.   x − 4 = 8 | + 4
    x − 4 + 4 = 8 + 4
         x = 12
         L = {12}

Auf beiden Seiten der Gleichung wird die gleiche Zahl addiert...

2.   x + 5 = 12 | − 5
    x + 5 − 5 = 12 − 5
         x = 7
         L = {7}

... bzw. subtrahiert.

3.   x − 17 < 9 | + 17
    x − 17 + 17 < 9 + 17
         x < 26
         L = {0, 1, 2, . . . 25}

4.   x + 5 > 8 | − 5
    x + 5 − 5 > 8 − 5
         x > 3
         L = {4, 5, 6 . . .}

Gleichungen und Ungleichungen mit einem Platzhalter

b) Multiplikation und Division beider Seiten der Gleichung mit einer Zahl ungleich Null.

Beispiele

Die Grundmenge ist jeweils $\mathbb{N}$.

1. $\frac{x}{5} = 3$ $\quad | \cdot 5$

    $\frac{x}{5} \cdot 5 = 3 \cdot 5$

    $x = 15$
    $L = \{15\}$

    Beide Seiten der Gleichung werden mit der gleichen Zahl multipliziert...

2. $3 \cdot x = 12$ $\quad | : 3$

    $\frac{3 \cdot x}{3} = \frac{12}{3}$

    $x = 4$
    $L = \{4\}$

    ...bzw. durch die gleiche Zahl dividiert.

c) Multiplikation oder Division einer Ungleichung mit einer Zahl größer als Null

Beispiele

Die Grundmenge ist jeweils $\mathbb{N}$.

1. $\frac{x}{3} \leqq 5$ $\quad | \cdot 3$

    $\frac{x \cdot 3}{3} \leqq 5 \cdot 3$

    $x \leqq 15$
    $L = \{0, 1, 2, \ldots 15\}$

2. $3 \cdot x \geqq 21$ $\quad | : 3$

    $\frac{3 \cdot x}{3} \geqq \frac{21}{3}$

    $x \geqq 7$
    $L = \{7, 8, 9, \ldots\}$

d) Multiplikation oder Division einer Ungleichung mit einer Zahl kleiner als Null.

Gleichungen und Ungleichungen mit einem Platzhalter

Beispiel

Grundmenge ist $\mathbb{Z}$.

$$-3x \leq 4 \qquad | : (-3)$$
$$\frac{-3x}{-3} \geq \frac{4}{-3}$$
$$x \geq -\frac{4}{3}$$
$$L = \{-1, 0, 1, 2, 3 \ldots\}$$

Bei Multiplikation oder Division mit negativen Zahlen wird aus „<" ein „>" und umgekehrt.

In manchen Gleichungen müssen vor den Äquivalenzumformungen noch Arbeitsschritte durchgeführt werden, wie z. B. Klammern auflösen, Ordnen oder Zusammenfassen.

Beispiele

1.
$$\begin{aligned} 6x - (24 - 3x) &= x - (2x - 6) & &| \text{ Klammern auflösen} \\ 6x - 24 + 3x &= x - 2x + 6 & &| \text{ Ordnen} \\ 6x + 3x - 24 &= x - 2x + 6 & &| \text{ Zusammenfassen} \\ 9x - 24 &= -x + 6 & &| + x \\ 10x - 24 &= 6 & &| + 24 \\ 10x &= 30 & &| : 10 \\ x &= 3 \\ L &= \{3\} \end{aligned}$$

2.
$$\begin{aligned} 4x + 16 + x - 4 &= 2x + 24 + x - 6 & &| \text{ Ordnen} \\ 4x + x + 16 - 4 &= 2x + x + 24 - 6 & &| \text{ Zusammenfassen} \\ 5x + 12 &= 3x + 18 & &| - 3x \\ 2x + 12 &= 18 & &| - 12 \\ 2x &= 6 & &| : 2 \\ x &= 3 \\ L &= \{3\} \end{aligned}$$

3.
$$\begin{aligned} \frac{x}{3} - \frac{x}{5} &= 2 & &| \text{ Gleichnamig machen (gleicher Nenner: 15)} \\ \frac{5x}{15} - \frac{3x}{15} &= 2 & &| \text{ Zusammenfassen} \\ \frac{2}{15}x &= 2 & &| : \frac{15}{2} \\ x &= 15 \\ L &= \{15\} \end{aligned}$$

Gleichungen und Ungleichungen mit einem Platzhalter

Textgleichungen

Häufig werden Gleichungen oder Ungleichungen in Textform gegeben. In diesen Fällen muß der Sachverhalt zunächst in die Form einer Gleichung oder Ungleichung übersetzt werden. Die gesuchte Zahl oder Größe wird dabei meistens **x** genannt. Anschließend wird die Lösung durch ▶ Äquivalenzumformungen gesucht.

Beispiele

1. $\underbrace{\text{Das Doppelte einer Zahl}}_{2\,x} \;\; \underbrace{\text{ist so groß wie}}_{=} \;\; \underbrace{\text{die Differenz aus 35 und 19.}}_{35 \,-\, 19}$

$$x = 8$$

2. $\underbrace{\text{Das Gewicht von 3 dieser Kugeln}}_{3\,x} \;\; \underbrace{\text{beträgt mehr als}}_{>} \;\; \underbrace{10 \text{ kg}}_{10 \text{ kg}}$

$$x \;\; > \;\; \frac{10}{3} \text{ kg}$$

3. Ein Erbe von 2000 DM soll so aufgeteilt werden, daß Petra 350 DM mehr erhält als Jürgen.
Zwischenüberlegung:
Jürgen erhält x DM; Petra erhält (x + 350) DM;
beide Beträge zusammen ergeben 2000 DM. Also:

$$\begin{aligned} x + (x + 350) &= 2000 \\ 2\,x + 350 &= 2000 \\ 2\,x &= 1650 \\ x &= 825 \end{aligned}$$

Jürgen erhält 825 DM, und Petra erhält 1175 DM.

Gleichungen mit zwei Platzhaltern

Grundbegriffe

Lösungen

Gleichungen mit 2 Platzhaltern haben eine ▶ Lösungsmenge, die aus ▶ geordneten Paaren besteht. Wenn die ▶ Grundmenge nicht zu eng gefaßt ist, gibt es im allgemeinen mehrere Lösungen.

Beispiel

Die Grundmenge ist $\mathbb{N}$. *(ein geordnetes Paar)*
$x - y = 3$
$\quad L = \{(3;0), (4;1), (5;2), \ldots\}$

Das 1. Glied jedes Paares wird für x eingesetzt. *Das 2. Glied jedes Paares wird für y eingesetzt.*

In der Regel wird nicht eine einzelne Gleichung mit zwei Platzhaltern gegeben, sondern ein **Gleichungssystem**, bestehend aus 2 Gleichungen.
Ein solches Gleichungssystem lösen heißt: Es werden die Ersetzungen für die 2 Platzhalter gesucht, die *beide* Gleichungen erfüllen.

Beispiel

Gesucht ist ein Rechteck, dessen Seiten x und y zwei Bedingungen erfüllen:
I. y soll doppelt so lang sein wie x, also $\quad y = 2x$
II. x und y sollen zusammen 12 cm sein, also $x + y = 12$

Die beiden Gleichungen bilden ein Gleichungssystem.

In der Grundmenge $\mathbb{N}$ hat die Gleichung I die Lösungsmenge
$L_1 = \{(0;0), (1;2), (2;4), (3;6), \mathbf{(4;8)}, (5;10), \ldots\}$
und Gleichung II die Lösungsmenge
$L_2 = \{(0;12), (1;11), (2;10), (3;9), \mathbf{(4;8)}, (5;7), \ldots\}$
Die Lösung (4;8) erfüllt *beide* Gleichungen und heißt deshalb Lösung des Gleichungssystems. Das gesuchte Rechteck hat die Seiten $x = 4$ cm und $y = 8$ cm.
Zur Lösung eines Gleichungssystems gibt es 4 verschiedene Wege:

Gleichungen mit zwei Platzhaltern

Die graphische Lösung

Gleichungen 1. Grades mit 2 Platzhaltern lassen sich als
▶ lineare Zuordnungen auffassen; sie werden als Geraden dargestellt.
Zwei Geraden schneiden sich entweder in einem Punkt (Beispiel 1.), oder sie schneiden sich überhaupt nicht (Beispiel 2.), oder sie schneiden sich in allen Punkten (Beispiel 3.).

Beispiele
1.

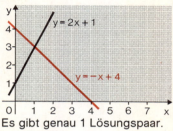

Es gibt genau 1 Lösungspaar.
$L = \{(1;3)\}$

2.

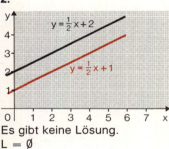

Es gibt keine Lösung.
$L = \emptyset$

3.

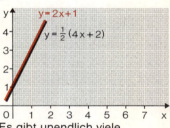

Es gibt unendlich viele Lösungspaare.
$L = \{(0;1), (1;3), \ldots\}$

Das Gleichsetzungsverfahren

Beispiel

I. $\quad 7x - y = 9$
II. $\quad x + y = 5$

Beide Gleichungen werden nach y aufgelöst:

I.a) $\quad y = 7x - 9$
II.a) $\quad y = 5 - x$

Die beiden linken Seiten sind gleich,...

...also sind auch die rechten Seiten gleich.

Gleichungen mit zwei Platzhaltern

Die Gleichsetzung der rechten Seiten ergibt eine neue Gleichung mit nur *einem* Platzhalter. Sie wird nach den Regeln der ▶ Äquivalenzumformung gelöst.

$7x - 9 = 5 - x$ | Zusammenfassen gleichartiger Glieder
$8x = 14$ | : 8
$x = \frac{7}{4}$

Die Berechnung von y erfolgt, indem man den x-Wert in eine der Gleichungen I.a) oder II.a) einsetzt:

$y = 7 \cdot \frac{7}{4} - 9 = \frac{13}{4}$ oder $y = 5 - \frac{7}{4} = \frac{13}{4}$

Die Lösungsmenge besteht aus genau einem Paar: $L = \left\{ \left(\frac{7}{4}, \frac{13}{4} \right) \right\}$

Die Probe macht man, indem man die Lösung in die Ausgangsgleichung I. oder II. einsetzt:

$7 \cdot \frac{7}{4} - \frac{13}{4} = \frac{49}{4} - \frac{13}{4} = \frac{36}{4} = 9$

$\frac{7}{4} + \frac{13}{4} = \frac{20}{4} = 5$

Das Einsetzungsverfahren

Beispiel

I. $2x - 5y = 11$
II. $4x + 3y = 9$

Eine der beiden Gleichungen wird nach x (oder y) aufgelöst:

I.a) $x = \frac{11 + 5y}{2}$

Der Term für x wird nun in die andere Gleichung eingesetzt:

II.a) $4 \cdot \underbrace{\frac{11 + 5y}{2}} + 3y = 9$

Dieser Term wurde für x eingesetzt.

Gleichungen mit zwei Platzhaltern

Die neue Gleichung enthält nur noch *einen* Platzhalter. Sie wird nach den Regeln der ▶ Äquivalenzumformung gelöst:

$22 + 10y + 3y = 9$ | Zusammenfassen gleichartiger Glieder
$13y = -13$ | $: 13$
$y = -1$

Die Berechnung von x erfolgt, indem man den y-Wert in Gleichung I.a) einsetzt:

$$x = \frac{11 + 5 \cdot (-1)}{2}$$
$$x = 3$$

Die Lösungsmenge heißt L = {(3; −1)}.

Die Probe macht man, indem man die Lösung in die Gleichungen I. und II. einsetzt:
$2 \cdot 3 - 5 \cdot (-1) = 6 + 5 = 11$
$4 \cdot 3 + 3 \cdot (-1) = 12 - 3 = 9$

Das Additionsverfahren

Das Verfahren ist immer dann besonders vorteilhaft, wenn in beiden Gleichungen des Gleichungssystems vor x oder y gleiche Koeffizienten, jedoch mit unterschiedlichen Vorzeichen stehen.

Beispiel

I. $\quad +7x + 6y = 4$
II. $\quad -7x + 2y = 6$

Gleiche Koeffizienten mit unterschiedlichen Vorzeichen.

$\underbrace{7x - 7x}_{=0} + 6y + 2y = 4 + 6$

Die beiden linken Gleichungsseiten und die beiden rechten Gleichungsseiten werden addiert. Dadurch erhält man eine neue Gleichung mit nur *einem* Platzhalter. Sie wird nach den Regeln der ▶ Äquivalenzumformung gelöst:

$6y + 2y = 4 + 6$ | Zusammenfassen gleichartiger Glieder
$8y = 10$ | $: 8$
$y = \frac{5}{4}$

Gleichungen mit zwei Platzhaltern

Die Berechnung von x erfolgt, indem man den y-Wert in Gleichung I. (oder Gleichung II.) einsetzt:

$7x + 6 \cdot \frac{5}{4} = 4$

$\quad 7x + \frac{15}{2} = 4 \qquad |-\frac{15}{2}$

$\quad\quad 7x = -\frac{7}{2} \qquad |:7$

$\quad\quad\; x = -\frac{1}{2}$

Die Lösungsmenge heißt $L = \{(-\frac{1}{2}; \frac{5}{4})\}$.

Die Probe macht man, indem man die Lösung in die Gleichungen I. und II. einsetzt:

$7 \cdot \left(-\frac{1}{2}\right) + 6 \cdot \frac{5}{4} = -\frac{7}{2} + \frac{15}{2} = \frac{8}{2} = 4$

$-7 \cdot \left(-\frac{1}{2}\right) + 2 \cdot \frac{5}{4} = \quad \frac{7}{2} + \frac{5}{2} \;= \frac{12}{2} = 6$

Sachaufgaben zu Gleichungssystemen mit 2 Platzhaltern

Beispiele

1. Ein Elektrizitätswerk bietet 2 Tarife an.
Tarif I: 10 DM monatliche Grundgebühr und 0,20 DM pro kWh
Tarif II: 20 DM monatliche Grundgebühr und 0,15 DM pro kWh
Bis zu welchem Verbrauch ist Tarif I günstiger?

Lösung:
a) Die Bedingungen werden als Gleichung angegeben; dabei ist x die Anzahl der verbrauchten kWh und y der monatliche Gesamtpreis.
I. $y = 10 + 0,2 \; x$
II. $y = 20 + 0,15 \, x$
b) Nach dem ▶ Gleichsetzungsverfahren gilt:
$10 + 0,2\,x = 20 + 0,15\,x$
c) Die Gleichung wird umgeformt und nach x aufgelöst:
$0,2\,x - 0,15\,x = 20 - 10$
$\quad\quad\; 0,05\,x = 10$
$\quad\quad\quad\quad x = 200$

Gleichungen mit zwei Platzhaltern

d) Der y-Wert wird berechnet, indem der x-Wert in Gleichung I. oder Gleichung II. eingesetzt wird:
$y = 10 + 0{,}2 \cdot 200$
$y = 10 + 40$
$y = 50$

e) Antwort: Bei einem monatlichen Verbrauch von 200 kWh muß man nach beiden Tarifen 50 DM zahlen. Bei einem geringeren Verbrauch ist Tarif I günstiger; bei einem höheren Verbrauch ist Tarif II günstiger.

2. Ein Bäcker verlangt für 3 Brötchen und 2 Hörnchen 1,45 DM. Für 4 Brötchen und 4 Hörnchen nimmt er 2,45 DM. Wieviel DM kostet jeweils ein Brötchen und ein Hörnchen?

Lösung:
a) Die Bedingungen werden als Gleichung angegeben; dabei ist x der Preis für ein Brötchen und y der Preis für ein Hörnchen.
I. $3x + 2y = 1{,}45$
II. $4x + 4y = 2{,}40$

b) Nach dem ▶ Einsetzungsverfahren wird z. B. eine Gleichung nach y aufgelöst:
II. $4x + 4y = 2{,}40 \quad | : 4$
$x + y = 0{,}60$
$y = 0{,}60 - x$

c) Der Term für y wird nun in die andere Gleichung eingesetzt:
I. $3x + 2 \cdot (0{,}60 - x) = 1{,}45$

d) Die Gleichung wird umgeformt und nach x aufgelöst:
$3x + 1{,}2 - 2x = 1{,}45$
$x = 0{,}25$

e) Der y-Wert wird berechnet, indem der x-Wert in Gleichung I. oder II. eingesetzt wird.
$4 \cdot 0{,}25 + 4y = 2{,}40$
$1{,}00 + 4y = 2{,}40$
$4y = 1{,}40$
$y = 0{,}35$

f) Antwort: Ein Brötchen kostet 0,25 DM und ein Hörnchen 0,35 DM.

Quadratische Gleichungen

Grundbegriffe

Gleichungen mit Platzhaltern in der 2. Potenz

Gleichungen, in denen der ▶ Platzhalter in der 2. Potenz vorkommt, heißen **quadratische Gleichungen**. Kommt der Platzhalter *nur* in der 2. Potenz vor, heißt eine Gleichung **reinquadratisch**.

Beispiele

$6x^2 = 24 \qquad 4y^2 + 16 = 0 \qquad a^2 = 12 - 3a^2$

Kommt der Platzhalter in der 2. und in der 1. Potenz vor, so liegt eine **gemischtquadratische Gleichung** vor.

Beispiele

$3x^2 + 4x = 7 \qquad 10a^2 - 8a + 16 = 0$

Lösung von reinquadratischen Gleichungen

Die Gleichung wird durch ▶ Äquivalenzumformungen so lange umgeformt, bis der Platzhalter allein auf einer Seite steht. Sodann kann man die ▶ Lösungsmenge bestimmen; es gibt 2 Lösungen oder 1 Lösung oder keine Lösung.

Beispiele

1. $5x^2 + 2 = 47 \qquad | -2$
$5x^2 = 45 \qquad | :5$
$x^2 = 9$
$L = \{-3; 3\}$ — *Sowohl $(-3)^2$ als auch $(+3)^2$ ergibt 9.*

2. $3x^2 = 0 \qquad | :3$
$x^2 = 0$
$L = \{0\}$ — *Nur die Zahl 0 hat das Quadrat 0.*

3. $\frac{3}{2}x^2 = x^2 - 8 \qquad | -x^2$
$\phantom{\frac{3}{2}}\frac{1}{2}x^2 = -8 \qquad | \cdot 2$
$\phantom{\frac{3}{2}}x^2 = -8$ — *Es gibt keine Zahl, deren Quadrat negativ ist.*
$\phantom{\frac{3}{2}}L = \emptyset$

Quadratische Gleichungen

Lösung von gemischtquadratischen Gleichungen

Gemischtquadratische Gleichungen löst man in 2 Schritten.
1. Schritt: Die Gleichung wird durch ▶ Äquivalenzumformungen so umgeformt, daß der Faktor vor x^2 verschwindet.

Beispiele

$0,5 \, x^2 + 12 \, x + 72 = 0 \quad | \cdot 2 \qquad 4 \, x^2 - 4 \, x + 1 = 0 \quad | : 4$
$ x^2 + 24 \, x + 144 = 0 \qquad\qquad\quad\; x^2 - x + \frac{1}{4} = 0$

2. Schritt: Die linke Gleichungsseite wird mit Hilfe einer ▶ binomischen Formel umgeformt. Sodann kann man die ▶ Lösungsmenge bestimmen.

Beispiele

$\underbrace{x^2 + 24 \, x + 144}_{} = 0$
$(x + 12)^2 = 0$
$x + 12 = 0$
$x = -12$
$L = \{-12\}$

$\underbrace{x^2 - x + \frac{1}{4}}_{} = 0$
$(x - \frac{1}{2})^2 = 0$
$x - \frac{1}{2} = 0$
$x = \frac{1}{2}$
$L = \{\frac{1}{2}\}$

Meistens muß erst eine *quadratische Ergänzung* auf beiden Seiten der Gleichung vorgenommen werden, damit die linke Seite einer binomischen Formel entspricht.
Man erhält die quadratische Ergänzung, indem man den vor dem x stehenden Faktor halbiert und das Ergebnis quadriert.

Quadratische Gleichungen

Beispiele

1. $x^2 - 6x = 16$ — *Auf diese Gleichung läßt sich noch keine binomische Formel anwenden.*

$(6:2)^2 = \mathbf{9}$
$\underbrace{x^2 - 6x + \mathbf{9}}_{} = 16 + \mathbf{9}$ — *Dies ist die quadratische Ergänzung.*
$(x - 3)^2 = 25$
$x - 3 = \pm 5$ — *Sowohl +5 als auch −5 haben das Quadrat 25.*
$x_{1,2} = 3 \pm 5$
$L = \{8; -2\}$

2. $x^2 + 12x = -34$

$(12:2)^2 = \mathbf{36}$
$\underbrace{x^2 + 12x + \mathbf{36}}_{} = -34 + \mathbf{36}$
$(x + 6)^2 = 2$
$x + 6 = \pm \sqrt{2}$
$x_{1,2} = -6 \pm \sqrt{2}$
$L = \{-6 + \sqrt{2}; -6 - \sqrt{2}\}$

Allgemeine Lösung quadratischer Gleichungen über die Formel

Jede quadratische Gleichung läßt sich durch ▶ Äquivalenzumformungen auf diese **Normalform** bringen:
$x^2 + px + q = 0$

Hierzu gehören die Lösungen:

$$x_{1,2} = -\frac{p}{2} \pm \sqrt{\left(\frac{p}{2}\right)^2 - q}$$

Im Regelfall gibt es also 2 Lösungen. Nur wenn der Term unter der Wurzel gleich Null ist, gibt es eine Lösung. Wenn er kleiner als Null ist, gibt es keine Lösung; denn es gibt keine Zahl, deren Quadrat negativ ist.

Quadratische Gleichungen

Beispiele

dies ist p *dies ist q*

1. $x^2 + 8x + 7 = 0$

$$x_{1,2} = -\frac{8}{2} \pm \sqrt{\left(\frac{8}{2}\right)^2 - 7}$$
$$x_{1,2} = -4 \pm \sqrt{9}$$
$$L = \{-7; -1\}$$

2. $x^2 + 8x + 16 = 0$ — *p ist hier 8 und q ist 16.*

$$x_{1,2} = -\frac{8}{2} \pm \sqrt{\left(\frac{8}{2}\right)^2 - 16}$$
$$x_{1,2} = -\frac{8}{2} \pm \sqrt{0}$$
$$L = \{-4\}$$

3. $x^2 + 8x + 17 = 0$

$$x_{1,2} = -\frac{8}{2} \pm \sqrt{\left(\frac{8}{2}\right)^2 - 17}$$
$$x_{1,2} = -4 \pm \sqrt{-1}$$
$$L = \emptyset$$

Statistik

Darstellen von Daten in Tabellen

Daten werden z. B. durch Zählungen, durch Befragungen oder als Meßwerte gewonnen. Die Ergebnisse werden zunächst in **Strichlisten** oder **Tabellen** festgehalten.

Beispiele

1. Wie beurteilen Sie die neue Fernsehserie ABC?

hervorragend	II
recht ordentlich	JHT II
mäßig	JHT JHT JHT JHT
unbefriedigend	JHT JHT JHT JHT II
sehr schlecht	JHT IIII

Fig. 1

2. Arbeitslosigkeit 1987 (in %)

D	7,9
CH	0,8
USA	6,3

Fig. 2

3. Gewicht von Schülern der Klasse 3a:

Schüler(in)	Peter	Uwe	Petra	Oskar	Pia
Gewicht in kg	30,2	32,4	28,0	26,5	26,7

Fig. 3

Veranschaulichen von Daten

Um Zahlenmaterial anschaulicher zu machen, stellt man es häufig mit Hilfe von Diagrammen dar. Dazu werden die Zahlen in der Regel gerundet. Umgekehrt lassen sich aus Diagrammen nur gerundete Werte ablesen.

Kreis- und Streifendiagramme

Kreisdiagramme oder Streifendiagramme nimmt man vor allem dann, wenn die Größe bestimmter *Anteile* dargestellt werden soll.
Die Winkel der einzelnen ▶ Kreissektoren bzw. die Länge der Streifenabschnitte errechnet man über ▶ Zuordnungen.

Statistik

Beispiel

Das Zahlenmaterial in Fig. 1 soll veranschaulicht werden. Der Gesamtzahl der Befragten entspricht beim Kreisdiagramm (Fig. 5) der Vollwinkel (360°). D. h. im vorliegenden Falle: Auf einen der 60 Befragten entfällt ein Winkel von 360° : 60 = 6°.

Beim Streifendiagramm (Fig. 6) wählt man meistens eine Gesamtbreite, die ein bequemes Umrechnen erlaubt. Hier bietet es sich an, 60 Personen durch 60 mm darzustellen.

	Gesamtzahl	hervorragend	recht ordentlich	mäßig	unbefriedigend	sehr schlecht
Anzahl der Befragten	60	2	7	20	22	9
Winkel des Kreissektors in Grad	360	12	42	120	132	54
Länge des Streifenabschnitts in mm	60	2	7	20	22	9

Fig. 4

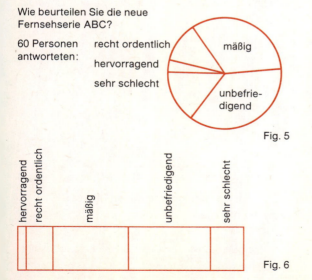

Wie beurteilen Sie die neue Fernsehserie ABC?

60 Personen antworteten: recht ordentlich, hervorragend, sehr schlecht, mäßig, unbefriedigend

Fig. 5

Fig. 6

Statistik

Säulendiagramme

Säulendiagramme nimmt man häufig, wenn Unterschiede hervorgehoben werden sollen oder wenn gleichzeitig mehrere Dinge miteinander verglichen werden sollen.

Beispiel

Im Säulendiagramm (Fig. 7) werden Zahlen aus Fig. 2 dargestellt.

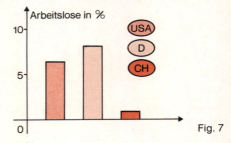

Fig. 7

Kurvendarstellungen

Kurvendarstellungen wählt man vor allem dann, wenn eine Entwicklung aufgezeigt werden soll.

Beispiel

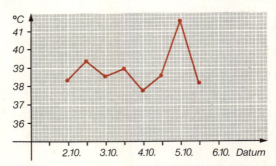

Fig. 8

Die Kurvendarstellung in Fig. 8 entspricht folgender Tabelle:
Körpertemperatur des Patienten Jens Schrader.

| Datum | 2. 10. | | 3. 10. | | 4. 10. | | 5. 10. | |
Zeit	morgens	abends	morgens	abends	morgens	abends	morgens	abends
Grad	38,4	39,2	38,5	39,0	37,6	38,4	41,2	38,2

Fig. 9

Statistik

Ordnungsdiagramme

In Ordnungsdiagrammen werden die Daten in einer bestimmen Reihenfolge geordnet.

Beispiel

Fig. 10 zeigt die Schüler der Klasse 3 a (siehe Fig. 3) geordnet nach ihrem Gewicht.

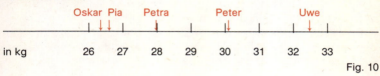

Fig. 10

Mittelwert

Will man Meßreihen miteinander vergleichen, z. B. Weitsprungleistungen in verschiedenen Klassen, Meßergebnisse aus ähnlichen Experimenten usw., so kann man auch die jeweiligen Mittelwerte berechnen.
Der Mittelwert $\bar{x}$ einer Reihe von n Werten wird nach folgender Formel berechnet:

$$\bar{x} = \frac{\text{Summe der Werte}}{\text{Anzahl der Werte}} = \frac{w_1 + w_2 + \ldots + w_n}{n}$$

Der errechnete Mittelwert tritt in vielen Fällen nicht als wirklicher Wert auf (z. B.: „Die untersuchten Familien hatten im Mittel 1,7 Kinder, 2,8 Zimmer, 0,9 Kühlschränke...").

Beispiel

Bei einer Radwanderung fuhr Petra am 1. Tag 75 km, am 2. Tag 63 km und am 3. Tag 81 km. Wieviel km ist sie durchschnittlich pro Tag gefahren?

$$\bar{x} = \frac{75 \text{ km} + 63 \text{ km} + 81 \text{ km}}{3} = 73 \text{ km}$$

Antwort: Sie fuhr durchschnittlich 73 km pro Tag.

Taschenrechner

Elektronische Taschenrechner arbeiten z. T. sehr unterschiedlich. Die nachfolgenden Hinweise und Tastenfolgen geben jeweils die Arbeitsweisen für die gebräuchlichsten Geräte an.

Löschen und korrigieren

Falsch eingegebene *Zahlen* lassen sich durch die $\boxed{C}$-Taste bzw. $\boxed{CE}$-Taste berichtigen: ($\boxed{C}$ von engl. clear = löschen; $\boxed{CE}$ von engl. clear entry = Eingabe löschen).

Einige Rechner haben eine $\boxed{CE/C}$-Taste. Bei einmaligem Drücken der Taste wird die Zahl in der Anzeige gelöscht; bei zweimaligem Drücken wird auch die Zahl im Arbeitsspeicher gelöscht.

Beispiel

Es soll die Aufgabe 1234 · 5678 eingegeben werden.

Tastenfolge: 1234 $\boxed{\times}$ 5688 $\boxed{CE}$ 5678 $\boxed{=}$

Hier wurde eine falsche Ziffer eingegeben. *Die Zahl 5688 wird gelöscht.* *Nun wird die richtige Zahl eingegeben.*

Falsch eingegebene *Operationszeichen* lassen sich bei den meisten Rechnern berichtigen, indem man anschließend die richtige Operationstaste drückt.

Beispiel

Es soll die Aufgabe 3,2 : 0,25 gerechnet werden.

Tastenfolge: 3.2 $\boxed{-}$ $\boxed{\div}$ .25 $\boxed{=}$

Die falsche Operationstaste wurde gedrückt. *Diese Eingabe korrigiert den Fehler.*

Taschenrechner

Rechenlogik

Viele Taschenrechner berücksichtigen automatisch die Regel
▶ „Punktrechnung vor Strichrechnung"; sie haben eine **algebraische Rechenlogik**.

Andere Rechner führen die Operationen in der Reihenfolge aus, wie sie eingegeben werden.
Z. B. mit der folgenden Tastenfolge kann man die Rechenlogik seines Gerätes feststellen:

Beispiel

2 [+] 3 [×] 4 [=]
▼
14

Wenn der Rechner dieses Ergebnis anzeigt, hat er eine algebraische Rechenlogik und führt Punkt- vor Strichrechnung aus.

2 [+] 3 [×] 4 [=]
▼
20

Dieser Rechner berücksichtigt nicht die „Vorfahrtsregeln". Er rechnet in der Reihenfolge der Eingabe.

Je nach Rechenlogik müssen für viele Aufgaben unterschiedliche Tastenfolgen gewählt werden.

Beispiele

1. $\frac{13,4 + 3,4}{5,6}$

Rechner *mit* algebraischer Rechenlogik:

13.4 [+] 3.4 [=] [÷] 5.6 [=]
▼
3

Rechner *ohne* algebraische Rechenlogik:

13.4 [+] 3.4 [÷] 5.6 [=]
▼
3

Taschenrechner

2. 1,23 · 4 + 5,67 · 8
Rechner *mit* algebraischer Rechenlogik:
1.23 ⨯ 4 + 5.67 ⨯ 8 =
▼
50.28

Bei Rechnern *ohne* algebraische Rechenlogik muß man Klammertasten oder den ► Speicher verwenden:
((1.23 ⨯ 4)) + ((5.67 ⨯ 8)) =
▼
50.28

MC 1.23 ⨯ 4 = M+ 5.67 ⨯ 8 + MR =
▼
50.28

Ein eventueller Speicherinhalt wird gelöscht.

Das Zwischenergebnis wird gespeichert.

Das gespeicherte Zwischenergebnis wird in die Anzeige zurückgeholt.

Rechengenauigkeit

Die meisten Taschenrechner können nur bis zu 8 Stellen anzeigen. Zahlen, die mehr Stellen enthalten, können deshalb nicht mehr genau dargestellt werden.
Einfache Rechner schneiden alle Stellen ab, die sie nicht mehr anzeigen können. Bessere Geräte runden die letzte Stelle ggf. auf.

Beispiel

Die Aufgabe $2 : 3 = 0,\overline{6}$ wird je nach Rechnertyp unterschiedlich gelöst:

2 ÷ 3 =
▼
0.6666666   *Dieser Rechnertyp schneidet nach der 8. Stelle einfach ab.*

2 ÷ 3 =
▼
0.6666667   *Dieser Rechnertyp rundet die letzte angezeigte Stelle nach den ► Rundungsregeln.*

Taschenrechner

Achtung: Rundungsfehler können durch anschließende Multiplikation noch vergrößert werden!

Beispiel

2 ÷ 7 × 9999999 =
▼
2857141.7

Der gleiche Rechner liefert ein genaueres Ergebnis, wenn man zuerst multipliziert und danach dividiert:
2 × 9999999 ÷ 7 =
▼
2857142.5

Manche Rundungsfehler lassen sich durch Überlegung vermeiden.

Beispiel

0,00035 · 0,00035 = ?
Mit der nachstehenden Tastenfolge liefern die meisten Taschenrechner nur ein ungenaues Ergebnis:

0.00035 × .00035 =
▼
0.0000001

Besser: 35 × 35 =
▼
1225 Das Komma wird anschließend nach den Regeln der ► Dezimalbruchrechnung gesetzt; man erhält das genaue Ergebnis 0,0000001225.

Bei den meisten Sachaufgaben liefert der Taschenrechner aber mehr Stellen als gebraucht werden. In diesen Fällen muß man ►runden.

Beispiel

Herrn Müllers Pkw hat für eine 578 km lange Reise 47,8 l Benzin verbraucht. Wieviel l verbrauchte er auf 100 km?
Tastenfolge: 47.8 ÷ 5.78 =
▼
8.2698961

Antwort: Der Pkw verbrauchte rund 8,3 l auf 100 km.

Taschenrechner

Exponentielle Schreibweise

Manche Rechner können mit Hilfe von ▶ Exponenten auch Zahlen darstellen, die mehr Stellen enthalten als die Anzeige.

Beispiele

1. 12.34 08

Diese Zahl gibt an, daß 12,34 noch mit 10^8 multipliziert werden muß. Das Komma wird also um 8 Stellen nach rechts verschoben. Die dargestellte Zahl heißt 1 234 000 000.

2. 4.56789 −03

Diese Zahl gibt an, daß 4,56789 noch mit 10^{-3} multipliziert werden muß (= Division durch 10^3). Das Komma wird also um 3 Stellen nach links verschoben. Die dargestellte Zahl heißt 0,00456789.

Rechnen mit Konstanten

Wird mehrfach mit derselben Zahl multipliziert bzw. mehrfach durch dieselbe Zahl dividiert, so nennt man diese Zahl **Konstante**.
Die meisten Rechner haben eine **Konstantenautomatik**, d. h.: Wenn 2 Zahlen miteinander verknüpft werden, so wird automatisch entweder die 1. oder die 2. Zahl konstant gehalten.
Die Konstantenautomatik ist besonders hilfreich bei ▶ Zuordnungen.

Mit der folgenden Tastenfolge kann man testen, ob der 1. oder der 2. Faktor konstant gehalten wird:

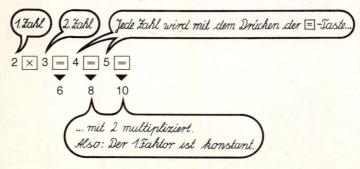

Taschenrechner

Mit ähnlichen Tastenfolgen kann man prüfen, welche Zahl der Rechner bei der Division bzw. Addition oder Subtraktion konstant hält.

Bei einigen Rechnern muß man durch zweimaliges Drücken der Operationstaste die Konstante eingeben.

Beispiel

Beispiele

1. Eine Jacke kostet 180,75 DM. Wieviel DM muß ein Händler für 7, 15, 48 ... gleichartige Jacken bezahlen?
Tastenfolge (für einen Rechner, der den 1. Faktor konstant hält):

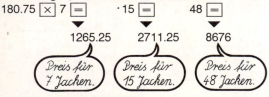

2. Die 61400000 Einwohner der Bundesrepublik Deutschland verbrauchten in einem Jahr 91000000 hl Bier, 2790000 t Schweinefleisch, 1930000 t Zucker,... Wieviel entfiel jeweils auf einen Einwohner?
Tastenfolge (für einen Rechner, der die 2. Zahl konstant hält):
91000000 ÷ 61400000 = 2790000 = 1930000 = ...

Taschenrechner

Benutzung des Speichers

Taschenrechner ohne ► algebraische Rechenlogik benötigen einen Speicher für Zwischenergebnisse. Solche Rechner haben meistens folgende Tasten mit der nachstehenden Arbeitsweise:

|M+| (von engl. memory = Speicher)
Der Inhalt der Anzeige wird zum Speicherinhalt addiert. War der Speicher zuvor leer, ist also nur der Anzeigeninhalt im Speicher.

|M−| Der Inhalt der Anzeige wird vom Speicherinhalt subtrahiert.

|MR| (von engl. memory recall = Speicherrückruf)
Der Inhalt des Speichers wird in die Anzeige übertragen, bleibt aber im Speicher erhalten und kann beliebig oft abgerufen werden.

|MC| (von engl. memory clear = Speicher löschen)
Der Speicherinhalt wird gelöscht.

Beispiele

1. Herr Karg hat 5 Dosen Erdbeeren zu je 2,87 DM und 3 Dosen Kaffee zu je 8,45 DM eingekauft. Wieviel muß er insgesamt bezahlen?

|MC| 5 |×| 2.87 |=| |M+| 3 |×| 8.45 |=| |M+| |MR| Speicherinhalt (Summe der Zwischenergebnisse) wird angezeigt.
▼
39.7

Taste nur drücken, wenn Speicher nicht leer ist.   *1. Zwischenergebnis wird gespeichert.*   *2. Zwischenergebnis wird zum Speicherinhalt addiert.*

2. Die Differenz der folgenden Brüche soll als Dezimalzahl angegeben werden: $\frac{5}{7} - \frac{3}{8}$

|MC| 5 |÷| 7 |=| |M+| 3 |÷| 8 |=| |M−| |MR| Speicherinhalt (Differenz) wird angezeigt.
▼
0.3392857

1. Bruch wird als Dezimalzahl gespeichert.   *2. Bruch wird vom Speicherinhalt subtrahiert.*

3. 7254 : (96 + 183) = ?
|MC| 96 |+| 183 |=| |M+| 7254 |÷| |MR| |=|
▼
26

Abbildungen der Ebene

Kongruenzabbildungen

Passen zwei ebene Figuren genau aufeinander, so nennt man sie deckungsgleich oder **kongruent**. Achsenspiegelungen, Drehungen und Verschiebungen bilden Figuren auf dazu kongruente Figuren ab. Sie heißen daher **Kongruenzabbildungen**.
Die ▶ zentrische Streckung ist keine Kongruenzabbildung.

Achsenspiegelung

Eine Achsenspiegelung ist festgelegt durch eine **Spiegelachse** a.
Fig. 1 zeigt, wie man zu einem Punkt A den Bildpunkt A' mit Hilfe des Geodreiecks zeichnet.

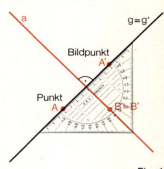

Fig. 1

Eigenschaften der Achsenspiegelung

1. Die Strecke $\overline{AA'}$ ist senkrecht zur Spiegelachse a.
2. Die Punkte A und A' sind gleich weit von der Achse a entfernt.
3. Punkte, die auf der Spiegelachse liegen, werden auf sich selbst abgebildet (Fig. 1: B = B').
4. Jeder Punkt P, der nicht auf der Achse liegt, legt mit seinem Spiegelbild P' eine Strecke fest, zu der die Spiegelachse a die Mittelsenkrechte ist (Fig. 2).
5. Geraden, die zur Spiegelachse senkrecht stehen, werden auf sich selbst abgebildet (Fig. 1: g = g').
6. Eine Strecke und ihre Bildstrecke sind gleich lang, ein Winkel und sein Bildwinkel sind gleich groß (Fig. 3).
7. Durch eine Spiegelung wird der **Umlaufsinn** von Figuren umgekehrt.

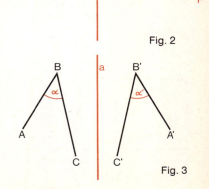

Fig. 2

Fig. 3

89

Abbildungen der Ebene

Fig. 4 zeigt: Durchläuft man die Eckpunkte in der Reihenfolge A—B—C—D, so geht man *links* herum; durchläuft man im Bildviereck die Eckpunkte in der Reihenfolge A'—B'—C'—D', so geht man *rechts* herum.

Beispiele

1. Spiegele das Viereck ABCD an der Achse a (Fig. 5).
2. Spiegele das Dreieck ABC an der Achse a (Fig. 6).
Es genügt, wenn man jeweils die Eckpunkte spiegelt und die Bildpunkte miteinander verbindet.

Achsensymmetrie

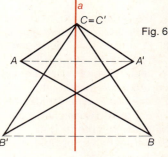

Bei bestimmten Figuren, wie z. B. in Fig. 7, lassen sich eine oder mehrere Spiegelachsen so einzeichnen, daß die Figuren bei einer Spiegelung jeweils auf sich abgebildet werden. Solche Figuren heißen **achsensymmetrisch**. Die Spiegelachse wird in solchen Fällen auch **Symmetrieachse** genannt.

Quadrat:
4 Symmetrieachsen

gleichseit. Dreieck:
3 Symmetrieachsen

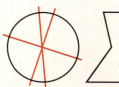
Kreis: unendlich
viele Symmetrieachsen

Fig. 7

Abbildungen der Ebene

Verschiebung

Eine Verschiebung ist festgelegt durch einen **Verschiebungspfeil**. Er gibt an, in welche Richtung und um welche Strecke jeder Punkt einer gegebenen Figur verschoben werden soll.

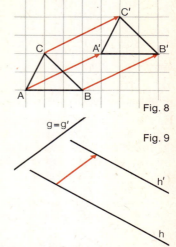

Fig. 8

Fig. 9

Eigenschaften der Verschiebung

1. Geraden, die parallel zu einem Verschiebungspfeil verlaufen, werden auf sich abgebildet: $g = g'$ (Fig. 9)

2. Alle anderen Geraden gehen in eine dazu parallele Gerade über: $h \parallel h'$ (Fig. 9)

3. Eine Strecke und ihre Bildstrecke sind gleich lang, ein Winkel und sein Bildwinkel sind gleich groß.

Beispiele

1. Für ein Schmuckband wird ein Quadrat verschoben. Zuerst werden dessen Eckpunkte durch gleich lange und in die gleiche Richtung zeigende Pfeile abgebildet. Dann verbindet man die neuen Eckpunkte.

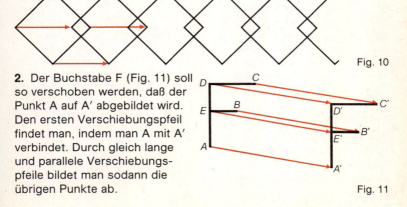

Fig. 10

2. Der Buchstabe F (Fig. 11) soll so verschoben werden, daß der Punkt A auf A' abgebildet wird. Den ersten Verschiebungspfeil findet man, indem man A mit A' verbindet. Durch gleich lange und parallele Verschiebungspfeile bildet man sodann die übrigen Punkte ab.

Fig. 11

Abbildungen der Ebene

Drehung

Eine Drehung ist festgelegt durch einen **Drehpunkt** und einen **Drehwinkel** (Fig. 12).

Eigenschaften der Drehung

1. Punkt und Bildpunkt liegen auf demselben Kreis um M.
2. Eine Strecke und ihre Bildstrecke sind gleich lang, ein Winkel und sein Bildwinkel sind gleich groß.

Eine Drehung mit dem Drehwinkel von 180° heißt **Halbdrehung** oder **Punktspiegelung** (Fig. 13). Bei einer Halbdrehung wird jede Gerade auf eine parallele Gerade abgebildet.

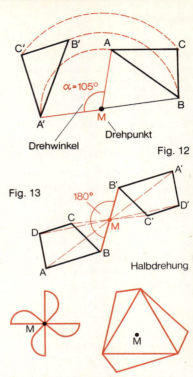

Drehsymmetrie

Manche Figuren (wie z. B. in Fig. 14) haben die Eigenschaft, daß sie bei Drehungen um einen bestimmten Punkt M auch bei Drehwinkeln ungleich 360° auf sich abgebildet werden. Solche Figuren heißen **drehsymmetrisch**. Beträgt der Drehwinkel 180°, so heißen sie **punktsymmetrisch**.

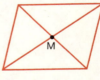

Beispiele

1. Eine Strecke $\overline{AB}$ soll um den Winkel $\alpha = 45°$ gedreht werden. Der Drehpunkt Z soll
a) auf der Geraden AB liegen (Fig. 15).

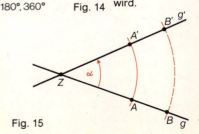

Fig. 15

Abbildungen der Ebene

b) nicht auf der Geraden AB liegen (Fig. 16).
Im Fall b) zeichnet man als Hilfslinie die Verbindungsstrecken von A und B mit Z; das weitere Vorgehen wird durch die Abbildung verdeutlicht.

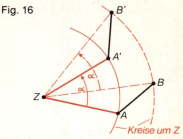

Fig. 16

Kreise um Z

2. Ein Dreieck ABC soll um 40° gedreht werden. Der Drehpunkt sei der Eckpunkt B. B als Drehpunkt wird auf sich abgebildet. Die Punkte A' und C' liegen auf Kreisen um B.

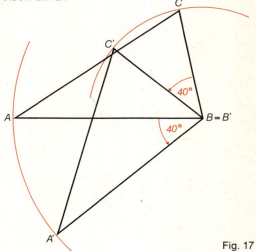

Fig. 17

Zentrische Streckung

Eine zentrische Streckung ist festgelegt durch ein **Streckungszentrum** Z und einen **Streckungsfaktor** k. Der Streckungsfaktor in Fig. 18 ist $k = 3$, d. h. alle Bildstrecken sind 3mal so lang wie die Originalstrecken.

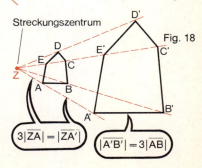

Streckungszentrum

Fig. 18

$3|\overline{ZA}| = |\overline{ZA'}|$ $|\overline{A'B'}| = 3|\overline{AB}|$

Abbildungen der Ebene

Liegen Bild und Original auf verschiedenen Seiten des Streckungszentrums, so setzt man vor den Streckungsfaktor ein Minuszeichen (in Fig. 19 ist k = −1,5).

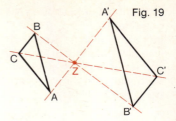

Fig. 19

Eigenschaften der zentrischen Streckung

1. Geraden werden auf parallele Geraden abgebildet. Geraden durch das Streckungszentrum werden auf sich abgebildet.
2. Das Streckungszentrum Z ist der einzige Punkt, der auf sich abgebildet wird.
3. Figuren gehen in **ähnliche Figuren** über. D. h. die Bildfigur ist eine maßstabsgetreue Vergrößerung bzw. Verkleinerung des Originals; Winkel gehen in gleich große Winkel über.

Beispiel

Der Buchstabe K (Fig. 20) soll durch zentrische Streckung im Maßstab 1 : 2 abgebildet werden. Die Lösung erfolgt in 4 Schritten:
a) Man zeichnet zu einer Strecke, etwa zu $\overline{AD}$, im beliebigen Abstand eine parallele Strecke $\overline{A'D'}$ mit doppelter Länge.
b) Man verbindet den Punkt A' mit A und D' mit D. Die Verbindungsgeraden schneiden sich im Streckungszentrum Z.
c) Man verbindet Z mit allen Eckpunkten der Originalfigur.
d) Man zeichnet die Parallele zu BE durch E'; der Schnittpunkt der Parallelen mit der Geraden BZ ist B'. Entsprechend findet man C'.

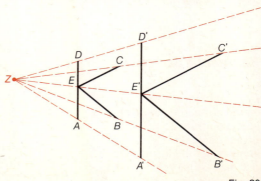

Fig. 20

Winkel und Winkelfunktionen

Bezeichnung von Winkeln

Fig. 1

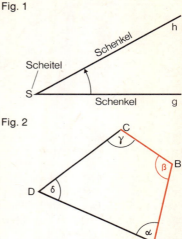

Ein Winkel entsteht durch Drehung einer Halbgeraden um ihren Anfangspunkt (Fig. 1). Bei der Drehung wird die Halbgerade g auf die Halbgerade h abgebildet; diese Halbgeraden nennt man die **Schenkel** des Winkels. Der gemeinsame Anfangspunkt der Halbgeraden heißt **Scheitel** des Winkels. Man kennzeichnet Winkel mit griechischen Buchstaben: α, β, γ, δ, ε, ... (Fig. 2).
Je nach Größe haben die Winkel unterschiedliche Namen (Fig. 3).

Fig. 3

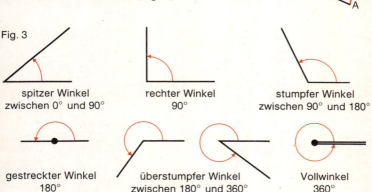

spitzer Winkel
zwischen 0° und 90°

rechter Winkel
90°

stumpfer Winkel
zwischen 90° und 180°

gestreckter Winkel
180°

überstumpfer Winkel
zwischen 180° und 360°

Vollwinkel
360°

Winkel an sich schneidenden Geraden

1. Bei zwei sich schneidenden Geraden sind die einander gegenüberliegenden Winkel gleich groß. Man nennt sie **Scheitelwinkel**. In Fig. 4 sind α_1 und α_2 sowie β_1 und β_2 Scheitelwinkel.
2. Bei zwei sich schneidenden Geraden ergänzen sich jeweils zwei benachbarte Winkel zu 180°. Sie heißen **Nebenwinkel**. In Fig. 4 sind α_1 und β_1 Nebenwinkel, ebenso α_1 und β_2, α_2 und β_1, α_2 und β_2.

Winkel und Winkelfunktionen

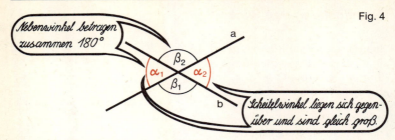

Fig. 4

3. Werden zwei parallele Geraden g und g' von einer Geraden h geschnitten, so entstehen 8 Winkel (Fig. 5). Den 4 Winkeln, die von g und h gebildet werden, entsprechen 4 Winkel, die von g' und h gebildet werden. Sie sind jeweils gleich groß. Solche Winkel nennt man **Stufenwinkel**. Zu jedem Stufenwinkel α gehört auch ein gleich großer ▶ Scheitelwinkel. Er heißt **Wechselwinkel** von α.

In Fig. 5 sind α und α' sowie β und β' Stufenwinkel. δ und α' sowie β und γ' sind Wechselwinkel.

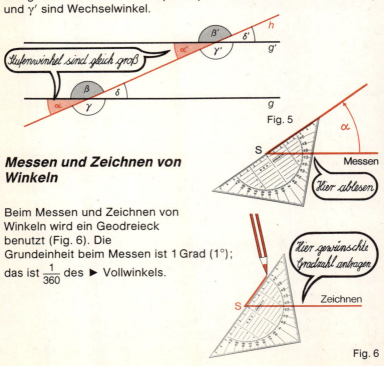

Messen und Zeichnen von Winkeln

Beim Messen und Zeichnen von Winkeln wird ein Geodreieck benutzt (Fig. 6). Die Grundeinheit beim Messen ist 1 Grad (1°); das ist $\frac{1}{360}$ des ▶ Vollwinkels.

Fig. 6

Winkel und Winkelfunktionen

Die Sinusfunktion

In rechtwinkligen Dreiecken wird das Seitenverhältnis
$\frac{\text{Gegenkathete zu } \alpha}{\text{Hypotenuse}}$ als **Sinus**
von α bezeichnet. Man schreibt:
$\sin \alpha = \frac{\text{Gegenkathete zu } \alpha}{\text{Hypotenuse}}$
Jedem Winkel ist ein bestimmter Sinuswert zugeordnet und umgekehrt. Zur Bestimmung verwendet man meistens den Taschenrechner.

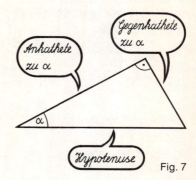

Fig. 7

Beispiele

1. Wie heißt der Sinus von 70°?
Tastenfolge: 70 [sin]
▼
0,9396926

2. Für welchen Winkel beträgt der Sinus 0,5?
Tastenfolge: .5 [Inv] [sin]
▼
30

Wenn zwei der drei Größen α, Gegenkathete zu α, Hypotenuse gegeben sind, läßt sich die 3. Größe über den Sinus berechnen.

Beispiele

1. Eine 8 m lange Leiter wird unter dem Winkel $\alpha = 70°$ an eine Hauswand gelehnt (Fig. 8). Wie hoch reicht sie?
$\sin 70° = \frac{h}{8\,m}$
$h = 8\,m \cdot \sin 70°$
Tastenfolge:
8 [×] 70 [sin] [=]
▼
7.517541
Die Leiter reicht rund 7,52 m hoch.

Fig. 8

Winkel und Winkelfunktionen

2. Welche Seitenlänge hat ein
▶ gleichseitiges Dreieck, dessen Höhe 50 cm beträgt? (Fig. 9)

$\sin 60° = \dfrac{50 \text{ cm}}{s}$

$s = \dfrac{50 \text{ cm}}{\sin 60°}$

Tastenfolge: 50 $\boxed{\div}$ 60 $\boxed{\sin}$ $\boxed{=}$

▼

57.735027

Die Seitenlänge beträgt rund 57,7 cm.

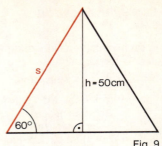

Fig. 9

3. Eine Straße steigt auf einer Fahrstrecke von 1200 m um 145 m an. Wie groß ist der Steigungswinkel? (Fig. 10)

$\sin \alpha = \dfrac{145 \text{ m}}{1200 \text{ m}}$

Tastenfolge:
145 $\boxed{\div}$ 1200 $\boxed{=}$ $\boxed{\text{Inv}}$ $\boxed{\sin}$

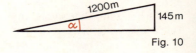

Fig. 10

▼

6.940199

Der Steigungswinkel beträgt rund 7°.

Die Kosinusfunktion

In rechtwinkligen Dreiecken wird das Seitenverhältnis $\dfrac{\text{Ankathete zu } \alpha}{\text{Hypotenuse}}$ als **Kosinus** von α bezeichnet (Fig. 7).

Man schreibt: $\cos \alpha = \dfrac{\text{Ankathete zu } \alpha}{\text{Hypotenuse}}$

Zwischen dem Kosinus und dem ▶ Sinus besteht folgender Zusammenhang:

$\cos \alpha = \sin (90° - \alpha)$ **$\sin \alpha = \cos (90° - \alpha)$**

Beispiele

$\cos 10° = \sin (90° - 10°) = \sin 80°$
$\sin 45° = \cos (90° - 45°) = \cos 45°$

Winkel und Winkelfunktionen

Jedem Winkel ist ein bestimmter Kosinuswert zugeordnet und umgekehrt. Meistens ermittelt man die Werte mit dem Taschenrechner.

Beispiele

1. Wie heißt der Kosinus von 20°?
Tastenfolge: 20 $\boxed{\cos}$
▼
0.9396926

2. Für welchen Winkel beträgt der Kosinus 0,5?
Tastenfolge: .5 $\boxed{\text{INV}}$ $\boxed{\cos}$
▼
60

Wenn zwei der drei Größen α, Ankathete zu α oder Hypotenuse gegeben sind, läßt sich die 3. Größe berechnen.

Beispiele

1. Ein 3 m breiter Dachgarten soll ein Pultdach mit einer Dachneigung von 30° erhalten. Wie breit wird die Dachfläche? (Fig. 11)

$$\cos 30° = \frac{3\,m}{x} \qquad x = \frac{3\,m}{\cos 30°}$$

Tastenfolge:
3 $\boxed{\div}$ 30 $\boxed{\cos}$ $\boxed{=}$
▼
3.4641016

Das Dach ist rund 3,46 m breit.

2. Ein gleichschenkliges ▶ Dreieck hat die Seiten
a = b = 2,5 m und die Basis
c = 4 m. Wie groß sind die
Basiswinkel α und β (Fig. 12)?

$$\cos \beta = \frac{2\,m}{2,5\,m}$$

Tastenfolge:
2 $\boxed{\div}$ 2.5 $\boxed{=}$ $\boxed{\text{INV}}$ $\boxed{\cos}$
▼
36.869898

Die Basiswinkel betragen jeweils rund 37°.

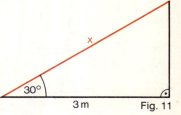
Fig. 11

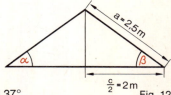
Fig. 12

Winkel und Winkelfunktionen

Die Tangens- und die Kotangensfunktion

In rechtwinkligen Dreiecken wird das Seitenverhältnis
$\frac{\text{Gegenkathete zu }\alpha}{\text{Ankathete zu }\alpha}$ als **Tangens** von α bezeichnet (vgl. Fig. 7). Der
▶ Kehrbruch heißt **Kotangens**. Man schreibt:

$\tan \alpha = \frac{\text{Gegenkathete zu }\alpha}{\text{Ankathete zu }\alpha}$ $\qquad$ $\cot \alpha = \frac{\text{Ankathete zu }\alpha}{\text{Gegenkathete zu }\alpha}$

Zwischen dem Tangens und dem Kotangens besteht folgender Zusammenhang:

cot α = tan (90° − α) $\qquad$ **tan α = cot (90° − α)**

Beispiele

cot 15° = tan 75° $\qquad$ tan 30° = cot 60°

Jedem Winkel ist ein bestimmter Tangens- bzw. Kotangenswert zugeordnet und umgekehrt. Meistens ermittelt man die Werte mit dem Taschenrechner.

Beispiele

1. Wie heißt der Tangens von 20°?
Tastenfolge: 20 |tan|
▼
0.3639702

2. Wie heißt der Kotangens von 20°?

Tastenfolge: 20 |tan| |1/x| $\qquad$ oder $\qquad$ 1 |÷| 20 |tan||=|
▼ $\qquad\qquad\qquad\qquad\qquad\qquad\qquad\qquad$ ▼
2.7474774 $\qquad\qquad\qquad\qquad\qquad\qquad\qquad$ 2.7474774

3. Für welchen Winkel beträgt der Tangens 1,5?
Tastenfolge: 1.5 |INV||tan|
▼
56.309932

4. Für welchen Winkel beträgt der Kotangens 1,5?
Tastenfolge:
1.5 |1/x| |INV| |tan| $\qquad$ oder $\qquad$ 1 |÷| 1.5 |=| |INV| |tan|
$\qquad$ 33.690068 $\qquad\qquad\qquad\qquad\qquad\qquad$ 33.690068

Winkel und Winkelfunktionen

Wenn zwei der drei Größen α, Ankathete zu α oder Gegenkathete zu α gegeben sind, läßt sich die dritte Größe über den Tangens oder Kotangens berechnen.

Beispiele

1. Die Spitze eines 30 m hohen Turmes wird von einem Punkt A unter einem Winkel von 15° gesehen (Fig. 13). Wie weit ist der Turm von A entfernt?

$\tan 15° = \dfrac{30\,\text{m}}{x}$

$x = 30\,\text{m} : \tan 15°$

Tastenfolge:
30 ÷ 15 tan =

▼

111.96152

Der Turm ist rund 112 m von A entfernt.

Fig. 13

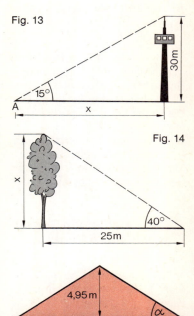

2. Ein auf ebenem Gelände stehender Baum wirft einen Schatten von 25 m, wenn die Sonnenstrahlen unter einem Winkel von 40° einfallen (Fig. 14).
Wie hoch ist der Baum?

$\tan 40° = \dfrac{x}{25}$

$x = 25 \cdot \tan 40°$

Tastenfolge:
25 × 40 tan =

▼

20.977491

Der Baum ist rund 21 m hoch.

3. Ein Dachgiebel hat die Maße wie in Fig. 15. Wieviel Grad beträgt die Dachneigung?

$\tan \alpha = \dfrac{4{,}95\,\text{m}}{7{,}50\,\text{m}}$

Tastenfolge: 4.95 ÷ 7.5 = Inv tan

▼

33.424811

Die Dachneigung beträgt rund 33,4°.

101

Grundkonstruktionen

Senkrechte zu einer Geraden g durch einen Punkt A

Hierzu verwendet man zweckmäßig ein Geodreieck, so wie in Fig. 1 dargestellt.
Man schreibt g ⊥ h und liest „g ist senkrecht zu h".

Mittelsenkrechte zu einer Strecke $\overline{AB}$

Um die Punkte A und B zeichnet man Kreisbögen mit gleichem Radius. Der Radius muß größer als die halbe Streckenlänge sein. Die Kreisbögen schneiden sich in P_1 und P_2.
Man zeichnet die Gerade durch P_1 und P_2; sie ist die gesuchte Mittelsenkrechte. M ist der Mittelpunkt der Strecke $\overline{AB}$.

Parallele zu einer Geraden g durch einen Punkt A

1. Fall: A liegt nahe bei g.
Man verwendet ein Geodreieck wie in Fig. 3 dargestellt.
2. Fall: A liegt in größerer Entfernung zu g.
Man geht in 2 Schritten vor:

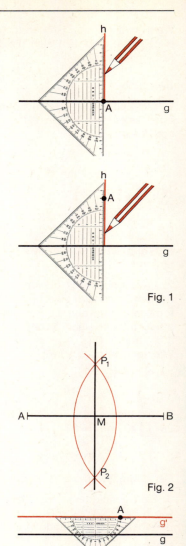

Fig. 1

Fig. 2

Fig. 3

Grundkonstruktionen

a) Man zeichnet eine Senkrechte s zu g, die einen geringen Abstand zu A hat (Fig. 4).

b) Man zeichnet die Senkrechte zu s durch A; es ist die gesuchte Parallele zu g (Fig. 5).
Man schreibt g || g' und liest „g ist parallel zu g'".

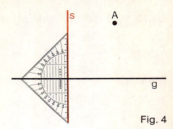

Fig. 4

Winkelhalbierende

Die Konstruktion wird mit Hilfe eines Zirkels in 3 Schritten durchgeführt:
a) Um den Scheitelpunkt S des Winkels zeichnet man einen Kreisbogen mit beliebigem Radius. Er schneidet die Schenkel des Winkels in den Punkten P_1 und P_2.
b) Man zeichnet um die Punkte P_1 und P_2 Kreisbögen mit gleichem Radius. Die Kreisbögen schneiden sich in einem Punkt P_3.
c) Man zeichnet die Gerade durch P_3 und S. Sie halbiert den gegebenen Winkel.

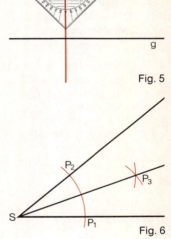

Fig. 5

Fig. 6

Geometrische Lehrsätze

Satz von der Winkelsumme im Dreieck

In jedem Dreieck beträgt die Winkelsumme 180°.

Beispiele

1. Fig. 1 zeigt:
$\alpha + \beta + \gamma = \alpha_1 + \beta_1 + \gamma$
$= 180°$

Fig. 1

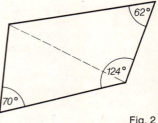

2. Bei der Vermessung eines viereckigen Grundstücks (Fig. 2) sind 3 Winkel bereits ausgemessen, sie betragen 62°, 70° und 124°. Die Größe des 4. Winkels soll berechnet werden.

Lösung:
a) Weil sich jedes Viereck durch eine Diagonale in 2 Dreiecke zerlegen läßt, beträgt die Winkelsumme im Viereck
$2 \cdot 180° = 360°$
b) Die gesuchte Winkelgröße α ist also:
$\alpha = 360° - (66° + 70° + 124°)$
$= 100°$

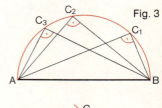

Fig. 2

Satz des Thales

In einem Halbkreis ist jedes Dreieck über dem Durchmesser rechtwinklig (Fig. 3).

Fig. 3

Beispiel

Es soll ein rechtwinkliges Dreieck gezeichnet werden, bei dem die längste Seite (sie heißt **Hypotenuse**) 4 cm und eine andere Seite (eine **Kathete**) 3 cm lang ist.

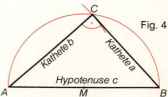

Fig. 4

104

Geometrische Lehrsätze

Lösung:
a) Man zeichnet die Hypotenuse $\overline{AB}$ = 4 cm und konstruiert den Mittelpunkt M dieser Strecke (Fig. 4).
b) Man zeichnet um M den Halbkreis mit dem Radius AM.
c) Man zeichnet um A einen Kreisbogen mit dem Radius 3 cm, so daß er den Halbkreis schneidet. Den Schnittpunkt nennt man C.
d) Man verbindet C mit A und B und erhält das gesuchte rechtwinklige Dreieck.

Strahlensätze

Werden 2 Halbgeraden mit gemeinsamem Endpunkt S von Parallelen geschnitten, so stehen die Abschnitte auf der einen Halbgeraden im gleichen Verhältnis zueinander wie die entsprechenden Abschnitte auf der anderen Halbgeraden (Fig. 5).

$$\frac{\overline{SA}}{\overline{AB}} = \frac{\overline{SC}}{\overline{CD}}$$

Fig. 5

Dies ist der **1. Strahlensatz**.

Beispiel

Eine gegebene Strecke $\overline{AB}$ soll so geteilt werden, daß sich die Abschnitte wie 2 : 1 zueinander verhalten.
Lösung (Fig. 6):
a) Man zeichnet eine Halbgerade durch den Anfangspunkt A.
b) Auf der Halbgeraden werden nacheinander 3 gleich lange Strecken abgetragen; man erhält die Punkte C_1, C_2 und C_3.
c) Man zeichnet die Gerade C_3B.
d) Man zeichnet die Parallele zu C_3B durch den Punkt C_2.
Der Schnittpunkt mit AB sei D.
e) $\overline{AD}$ ist nach dem 1. Strahlensatz doppelt so lang wie $\overline{DB}$, weil $\overline{AC_2}$ doppelt so lang wie $\overline{C_2C_3}$ ist.

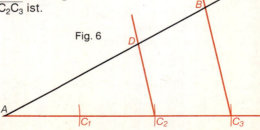

Fig. 6

Geometrische Lehrsätze

Werden 2 Halbgeraden mit gemeinsamem Endpunkt S von Parallelen geschnitten, so verhalten sich die Abschnitte auf den Parallelen wie entsprechende Abschnitte auf den Halbgeraden. Die Abschnitte auf den Halbgeraden sind stets vom Endpunkt S aus zu messen.

$$\frac{\overline{AB}}{\overline{CD}} = \frac{\overline{AS}}{\overline{CS}} \left(= \frac{\overline{BS}}{\overline{DS}} \right)$$

Dies ist der **2. Strahlensatz**.

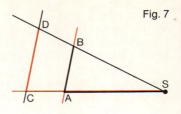

Fig. 7

Beispiele

1. Die Höhe eines Baumes (Fig. 8) soll mit Hilfe seines Schattens (40 m) berechnet werden. Eine 2 m lange senkrechtstehende Meßlatte wirft zur selben Zeit einen Schatten von 3,2 m.

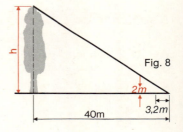

Fig. 8

Lösung:
Nach dem 2. Strahlensatz ist
$\frac{h}{2} = \frac{40}{3,2}$, also
$h = \frac{40 \cdot 2}{3,2} = 25$.

Der Baum ist 25 m hoch.

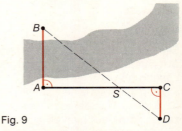

Fig. 9

2. Die Länge der nicht zugänglichen Strecke $\overline{AB}$ soll festgestellt werden (Fig. 9).
Lösung:
a) Man konstruiert die Strecken $\overline{AC}$ und $\overline{CD}$, so daß $\overline{CD}$ parallel zu $\overline{AB}$ ist.
b) Von D aus peilt man B an; der Schnittpunkt der Peillinie mit $\overline{AC}$ ist S.
c) Man mißt die Längen der Strecken $\overline{AS}$, $\overline{SC}$ und $\overline{CD}$. Hieraus läßt sich die Länge von $\overline{AB}$ berechnen:
$\frac{\overline{AB}}{\overline{CD}} = \frac{\overline{AS}}{\overline{CS}}$, also $\overline{AB} = \frac{\overline{AS} \cdot \overline{CD}}{\overline{CS}}$
Für $\overline{AS} = 150$ m, $\overline{SC} = 100$ m, $\overline{CD} = 80$ m ist demnach
$\overline{AB} = \frac{150 \text{ m} \cdot 80 \text{ m}}{100 \text{ m}} = 120$ m.

Geometrische Lehrsätze

Satz des Pythagoras

Im rechtwinkligen Dreieck haben die beiden Kathetenquadrate zusammen den gleichen Flächeninhalt wie das Hypotenusenquadrat (Fig. 10).

$a^2 + b^2 = c^2$

Der Satz des Pythagoras stellt die 3 Quadrate a^2, b^2 und c^2 in eine Beziehung miteinander.

Es läßt sich auf beiden Seiten der Gleichung die ▶ Wurzel ziehen. Dann kann man die Länge einer Seite eines rechtwinkligen Dreiecks berechnen, wenn die beiden anderen Seiten bekannt sind.

$a = \sqrt{c^2 - b^2}$

Tastenfolge: c $\boxed{x^2}$ $\boxed{-}$ b $\boxed{x^2}$ $\boxed{=}$ $\boxed{\sqrt{}}$
▼
a

$c = \sqrt{a^2 + b^2}$

Tastenfolge: a $\boxed{x^2}$ $\boxed{+}$ b $\boxed{x^2}$ $\boxed{=}$ $\boxed{\sqrt{}}$
▼
c

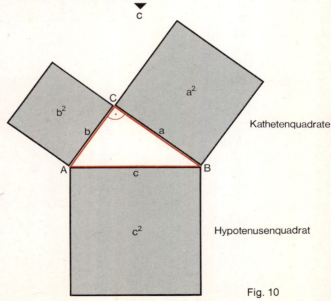

Fig. 10

Geometrische Lehrsätze

Beispiele

1. Eine 10 m hohe Leiter wird schräg an ein Haus gelehnt; unten hat die Leiter 2 m Abstand von der Wand. Wie hoch reicht die Leiter?
Lösung (Fig. 11):
Nach dem Satz des Pythagoras gilt $h^2 + 2^2 = 10^2$, da ein rechtwinkliges Dreieck vorliegt.
Umformen ergibt:
$h^2 = 100 - 4$
$h = \sqrt{96} \approx 9{,}8$
Die Leiter reicht rund 9,8 m hoch.

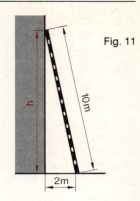

Fig. 11

2. Ein Rechteck hat die Seiten $a = 10$ m und $b = 5$ m. Wie lang ist die Diagonale c?
Lösung (Fig. 12):
$10^2 + 5^2 = c^2$
$c = \sqrt{125} \approx 11{,}2$
Die Diagonale mißt rund 11,2 m.

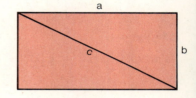

Fig. 12

Höhensatz (Satz des Euklid)

Im rechtwinkligen Dreieck hat das Quadrat über der Höhe den gleichen Flächeninhalt wie das Rechteck aus den Hypotenusenabschnitten (Fig. 13).

$h^2 = p \cdot q$

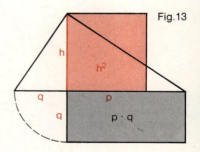

Fig. 13

Geometrische Lehrsätze

Kathetensatz

Im rechtwinkligen Dreieck ist der Flächeninhalt eines Kathetenquadrats gleich dem Flächeninhalt des Rechtecks, das die Hypotenuse und den anliegenden Hypotenusenabschnitt als Seiten hat.

$a^2 = p \cdot c$

$b^2 = q \cdot c$

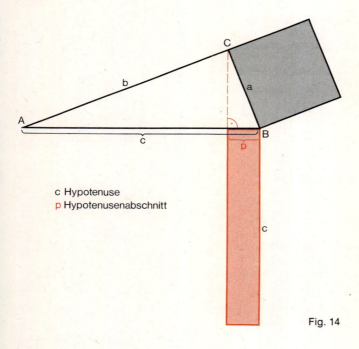

c Hypotenuse
p Hypotenusenabschnitt

Fig. 14

Figuren der Ebene

Rechteck

Eigenschaften
1. Gegenüberliegende Seiten sind parallel und gleich lang.
2. Alle 4 Winkel sind rechte Winkel.
3. Die Diagonalen halbieren einander.
4. Die Mittellinien halbieren einander.
5. Die Mittellinien sind Symmetrieachsen.

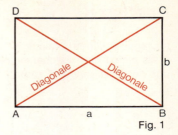
Fig. 1

Formeln
Umfang
$u = 2 \cdot a + 2 \cdot b = 2 \cdot (a + b)$

Flächeninhalt
$A = a \cdot b$

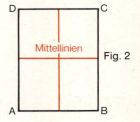
Fig. 2

Länge der Diagonale
$d = \sqrt{a^2 + b^2}$

Beispiel

Ein rechteckiges Weidegrundstück ist 50 m lang und 30 m breit. Berechne den Umfang und den Flächeninhalt (Fig. 4).

$u = 2 \cdot (50\,m + 30\,m) = 160\,m$
$A = 50\,m \cdot 30\,m = 1500\,m^2$

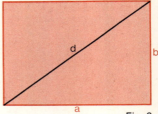
Fig. 3

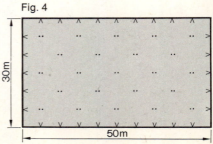
Fig. 4

Figuren der Ebene

Quadrat

Das Quadrat ist ein besonderes Rechteck. Es hat alle Eigenschaften des Rechtecks und zusätzlich folgende Eigenschaften:
1. Alle Seiten sind gleich lang,
2. Auch die Diagonalen sind Symmetrieachsen.

Formeln
Umfang
u = 4 · a
Flächeninhalt
A = a²
Länge der Diagonale
d = $\sqrt{2a^2}$ = a · $\sqrt{2}$
($\sqrt{2} \approx 1{,}41$)

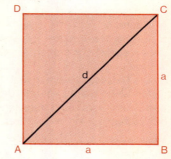

Beispiel

Welchen Flächeninhalt hat ein Quadrat, dessen Umfang 100 m beträgt?
Lösung:
a) Man berechnet aus dem Umfang die Länge einer Seite a:
100 m = 4 · a
a = $\frac{100 \text{ m}}{4}$ = 25 m

b) Man berechnet den Flächeninhalt: A = 25 m · 25 m = 625 m²

Parallelogramm

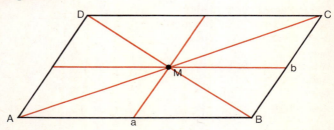

Eigenschaften
1. Je zwei sich gegenüberliegende Seiten sind parallel und gleich lang.

Figuren der Ebene

2. Die Diagonalen halbieren einander. Sie schneiden sich im Mittelpunkt.
3. Die Mittellinien halbieren einander. Sie schneiden sich im Mittelpunkt.

Besondere Parallelogramme:
1. Ein Parallelogramm mit 4 gleich langen Seiten ist eine
▶ Raute.
2. Ein Parallelogramm, dessen Seiten senkrecht stehen, ist ein
▶ Rechteck.
3. Ein Parallelogramm, das 4 gleich lange Seiten hat und dessen Seiten senkrecht aufeinander stehen, ist ein ▶ Quadrat.

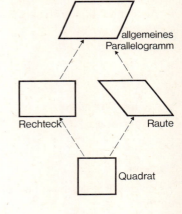

Formeln
Umfang
$u = 2 \cdot a + 2 \cdot b = 2 \cdot (a + b)$

Flächeninhalt
$A = a \cdot h_a = b \cdot h_b$

Beispiele

1. Berechne den Flächeninhalt eines Parallelogramms mit
$a = 12$ cm und $h_a = 4$ cm.
$A = 12$ cm $\cdot$ 4 cm $= 48$ cm^2

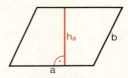

2. Ein Parallelogramm mit den Seitenlängen $a = 3$ cm und $b = 6$ cm hat den Flächeninhalt $A = 18$ cm^2.
Wie groß sind die Höhen h_a und h_b?
Berechnung von h_a:
18 cm^2 = 3 cm $\cdot h_a$
$h_a = \frac{18 \text{ cm}^2}{3 \text{ cm}} = 6$ cm
Berechnung von h_b:
18 cm^2 = 6 cm $\cdot h_b$
$h_b = \frac{18 \text{ cm}^2}{6 \text{ cm}} = 3$ cm

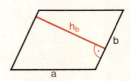

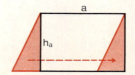

Figuren der Ebene

Raute

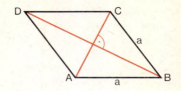

Die Raute ist ein besonderes
▶ Parallelogramm. Zusätzliche
Eigenschaften sind:
1. Alle Seiten sind gleich lang.
2. Die Diagonalen stehen senkrecht aufeinander und sind Symmetrieachsen.

Formeln
Umfang
u = 4 · a

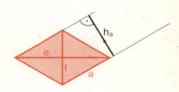

wobei $a = \sqrt{\left(\dfrac{e}{2}\right)^2 + \left(\dfrac{f}{2}\right)^2}$

Flächeninhalt
A = a · h_a oder **A = $\dfrac{e \cdot f}{2}$**

Beispiel

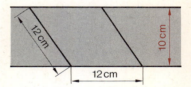

Aus einem 10 cm breiten Papierstreifen soll durch 2 geeignete Schnitte eine Raute herausgeschnitten werden, deren Seiten jeweils 12 cm lang sind. Welchen Flächeninhalt hat die Raute?
A = 12 cm · 10 cm = 120 cm²

Trapez

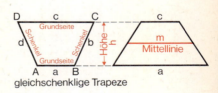
gleichschenklige Trapeze

Eigenschaften
1. Zwei Seiten sind parallel; sie heißen Grundseiten des Trapezes. Der Abstand der Grundseiten heißt Höhe des Trapezes.
2. Die Mittellinie ist halb so lang wie die Summe der beiden Grundseiten.

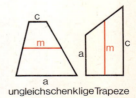
ungleichschenklige Trapeze

Figuren der Ebene

Besondere Trapeze
Haben die Schenkel eines Trapezes gleiche Länge, so ist das ein gleichschenkliges Trapez.
Gleichschenklige Trapeze haben eine Symmetrieachse. Die Diagonalen e und f sind gleich lang.

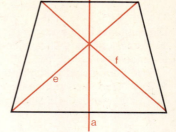

Formeln
Flächeninhalt

$$A = m \cdot h \quad \text{oder} \quad A = \frac{a + c}{2} \cdot h$$

Beispiele

1. Berechne die Querschnittsfläche eines Deiches mit den Maßen wie in der untenstehenden Figur.

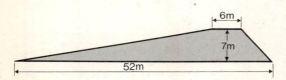

$A = \dfrac{6\,m + 52\,m}{2} \cdot 7\,m$

$A = 29\,m \cdot 7\,m$

$A = 203\,m^2$

2. Von einem Trapez sind folgende Maße bekannt:
$a = 7\,m;\ c = 6\,m;\ A = 52\,m^2$
Wie groß ist die Höhe?
Lösung:
a) Man setzt die bekannten Größen in die Flächenformel ein:
$52\,m^2 = \dfrac{7\,m + 6\,m}{2} \cdot h$

b) Man vereinfacht den Term und löst nach h auf:
$52\,m^2 = 6{,}5\,m \cdot h$
$h = \dfrac{52\,m^2}{6{,}5\,m} = 8\,m$

Figuren der Ebene

Drachen

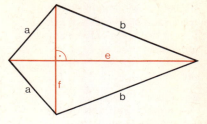

Eigenschaften
1. Es gibt zwei Paar gleich langer benachbarter Seiten.
2. Die Diagonalen stehen senkrecht aufeinander.
3. Eine Diagonale ist Spiegelachse.

Besondere Drachen
Ein Drachen mit 4 gleich langen Seiten heißt ▶ Raute.

Formeln
Umfang
$u = 2 \cdot a + 2 \cdot b = 2 \cdot (a + b)$
Flächeninhalt
$A = \frac{e \cdot f}{2}$

Beispiel

2 Leisten, die 60 cm bzw. 100 cm lang sind, bilden die Diagonalen eines Drachens. Wie groß ist der Flächeninhalt?

$A = \frac{60 \text{ cm} \cdot 100 \text{ cm}}{2} = 3000 \text{ cm}^2$
$= 30 \text{ dm}^2$

Dreieck

Eigenschaften
1. Die drei Seitenhalbierenden schneiden sich in einem Punkt S. Das ist der Schwerpunkt des Dreiecks (Fig. 2).
2. Die drei Winkelhalbierenden schneiden sich in einem Punkt. Das ist der Mittelpunkt des Inkreises (Fig. 3).

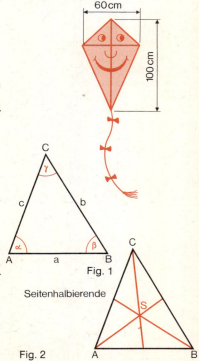

Fig. 1

Seitenhalbierende

Fig. 2

Figuren der Ebene

3. Die drei Mittelsenkrechten schneiden sich in einem Punkt. Das ist der Mittelpunkt des Umkreises (Fig. 4).
4. Die drei Höhen schneiden sich in einem Punkt (Fig. 5).

Besondere Dreiecke

1. Ein **gleichseitiges** Dreieck hat 3 gleich lange Seiten und 3 gleich große Winkel (60°). Die Höhen im gleichseitigen Dreieck sind gleichzeitig Winkelhalbierende, Mittelsenkrechte und Symmetrieachsen (Fig. 6).
2. Ein **gleichschenkliges** Dreieck hat 2 gleich lange Seiten und 2 gleich große Winkel. Es hat eine Symmetrieachse (Fig. 7).
3. Ein **rechtwinkliges** Dreieck hat einen Winkel von 90°. Die Seite, die dem rechten Winkel gegenüberliegt, heißt **Hypotenuse**; die anderen beiden Seiten heißen **Katheten** (Fig. 8).

Die Ecke mit dem rechten Winkel liegt auf dem Halbkreis über der Hypotenuse (▶ Satz des Thales). Im rechtwinkligen Dreieck gelten der ▶ Satz des Pythagoras und die ▶ Winkelfunktionen.

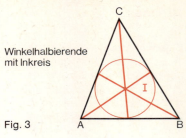
Winkelhalbierende mit Inkreis
Fig. 3

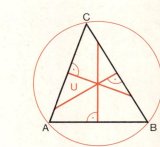
Fig. 4
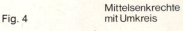
Mittelsenkrechte mit Umkreis

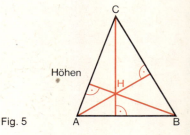
Höhen
Fig. 5

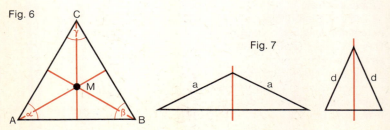
Fig. 6

Fig. 7

Figuren der Ebene

Formeln

$$A = \frac{c \cdot h_c}{2} = \frac{a \cdot h_a}{2} = \frac{b \cdot h_b}{2}$$

Beispiele

1. Der Giebel eines Hauses soll gestrichen werden. Aus diesem Anlaß ist der Flächeninhalt zu berechnen. Die Maße sind der Zeichnung zu entnehmen.

$$A = \frac{20 \text{ m} \cdot 3{,}5 \text{ m}}{2} = 35 \text{ m}^2$$

Antwort: Der Flächeninhalt ist 35 m².

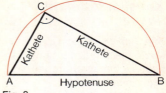
Fig. 8

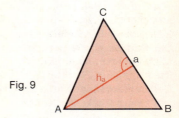
Fig. 9

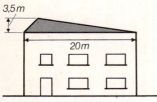
Fig. 10

Fig. 11

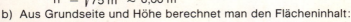

Fig. 12

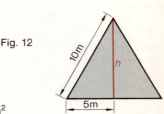

2. In einer Parkanlage bekommt ein Blumenbeet die Form eines gleichseitigen Dreiecks; die Seiten sind jeweils 10 m lang. Welchen Flächeninhalt hat das Beet?
Lösung (Fig. 12):

a) Man berechnet zunächst eine Höhe nach dem ▶ Satz des Pythagoras:

$$h^2 + (5 \text{ m})^2 = (10 \text{ m})^2$$
$$h^2 = 100 \text{ m}^2 - 25 \text{ m}^2 = 75 \text{ m}^2$$
$$h^2 = \sqrt{75 \text{ m}^2} \approx 8{,}66 \text{ m}$$

b) Aus Grundseite und Höhe berechnet man den Flächeninhalt:

$$A \approx \frac{10 \text{ m} \cdot 8{,}66 \text{ m}}{2} = 43{,}3 \text{ m}^2$$

Antwort: Der Flächeninhalt ist rund 43,3 m².

Figuren der Ebene

Kreis und Kreisteile

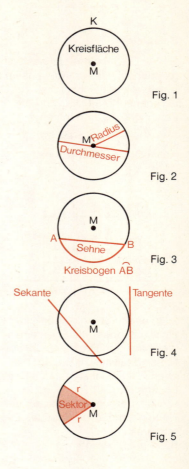

Fig. 1
Fig. 2
Fig. 3
Fig. 4
Fig. 5

Alle Punkte, die von einem Punkt M die gleiche Entfernung haben, bilden einen **Kreis** (oder eine Kreislinie).
M heißt **Mittelpunkt** des Kreises. Alle Punkte im Innern des Kreises bilden zusammen mit der Kreislinie die **Kreisfläche** (Fig. 1).
Der **Radius** ist die Strecke vom Mittelpunkt zu einem Punkt der Kreislinie (Fig. 2).
Der **Durchmesser** ist die Strecke von einem Punkt der Kreislinie über den Mittelpunkt zu einem zweiten Punkt der Kreislinie (Fig. 2).
Eine **Sehne** ist die Strecke zwischen zwei beliebigen Punkten der Kreislinie. Jede Sehne zerlegt einen Kreis in zwei Kreisbögen (Fig. 3).
Sekante heißt eine Gerade, die den Kreis in zwei Punkten schneidet (Fig. 4).
Tangente heißt eine Gerade, die den Kreis in einem Punkt berührt, sie ist im Berührungspunkt senkrecht zum Radius (Fig. 4).
Sektor heißt eine Fläche, die von zwei Radien und einem Bogen begrenzt wird (Fig. 5).

Formeln
Umfang
$u = \pi \cdot d = \pi \cdot 2r$

Bei allen Kreisen ist das Verhältnis von Umfang und Durchmesser gleich: Der Umfang ist π (lies: pi) mal so groß wie der Durchmesser. Die Zahl $\pi = 3{,}14159\ldots$ hat nach dem Komma unendlich viele Ziffern ohne Periode. Meistens wird mit dem Näherungswert 3,14 gerechnet.

Figuren der Ebene

Flächeninhalt
$A = \pi \cdot r^2$

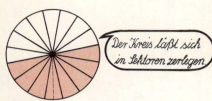

Bogenlänge
Bogenlänge = Umfang mal Anteil des Bogens am Vollkreis

$b = u \cdot \frac{\alpha}{360} = 2 \cdot \pi \cdot r \cdot \frac{\alpha}{360}$
$= \frac{\pi \cdot r \cdot \alpha}{180}$

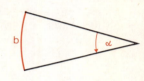

Sektorfläche
Flächeninhalt des Sektors = Flächeninhalt des Vollkreises mal Anteil des Sektors am Vollkreis

$A = \pi \cdot r^2 \cdot \frac{\alpha}{360}$

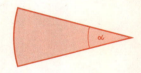

Kreisringfläche
Flächeninhalt des Kreisringes = Flächeninhalt des größeren Kreises minus Flächeninhalt des kleineren Kreises
$A = \pi \cdot r_1^2 - \pi \cdot r_2^2$
$= \pi \cdot (r_1^2 - r_2^2)$

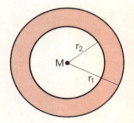

Beispiele

1. Welche Strecke legt ein Rad mit einem Radius von 30 cm mit einer Umdrehung zurück?
$u = \pi \cdot 2 \cdot 30 \text{ cm} \approx 188{,}5 \text{ cm}$

2. Zum Verschließen einer Dose wird ein kreisrunder Deckel mit d = 10 cm benötigt. Wieviel Material wird dafür gebraucht?

$A = \pi \cdot \left(\frac{10}{2} \text{ cm}\right)^2 = \pi \cdot 25 \text{ cm}^2 \approx 78{,}5 \text{ cm}^2$

Figuren der Ebene

3. Ein Sektor hat die Maße $\alpha = 60°$ und $r = 25$ cm. Berechne
a) die Bogenlänge,
b) den Flächeninhalt.

a) $b = \pi \cdot 50 \text{ cm} \cdot \dfrac{60}{360} = \dfrac{\pi \cdot 50 \text{ cm}}{6} \approx 26{,}2$ cm

b) $A = \pi \cdot (25 \text{ cm})^2 \cdot \dfrac{60}{360} = \dfrac{\pi \cdot 625 \text{ cm}^2}{6} \approx 327{,}2 \text{ cm}^2$

4. Ein hohler Brückenpfeiler hat den Querschnitt eines Kreisringes. Wie groß ist die Standfläche des Pfeilers?

$A = \pi \cdot (60 \text{ cm})^2 - \pi \cdot (40 \text{ cm})^2$
$= \pi \cdot (3600 \text{ cm}^2 - 1600 \text{ cm}^2)$
$= \pi \cdot 2000 \text{ cm}^2 \approx 6283 \text{ cm}^2$

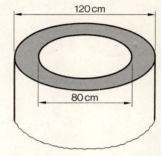

Körper

Quader

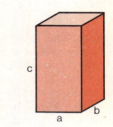

Eigenschaften
1. Die 6 Begrenzungsflächen sind Rechtecke, die gegenüberliegenden sind jeweils gleich groß.
2. Von den 12 Kanten haben jeweils 4 die gleiche Länge.
3. Die 8 Ecken werden von jeweils 3 Kanten gebildet, die sich im rechten Winkel schneiden.

Besondere Quader
1. Sind 2 der 6 Begrenzungsflächen Quadrate, so heißt der Quader auch quadratische Säule.
2. Ein Quader, dessen Kanten alle gleich lang sind, heißt
▶ Würfel.

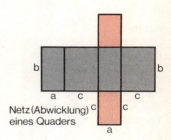

Netz (Abwicklung) eines Quaders

Formeln
Oberfläche
$$O = 2 \cdot a \cdot b + 2 \cdot a \cdot c + 2 \cdot b \cdot c$$
$$= 2 \cdot (a \cdot b + a \cdot c + b \cdot c)$$

Rauminhalt (Volumen)
$$V = a \cdot b \cdot c$$

Beispiele

1. Ein Kasten hat die Form eines Quaders. Seine Kanten sind 2 dm, 3 dm und 6 dm lang. Der Kasten soll lackiert werden. Wie groß ist die zu lackierende Fläche?
$O = 2 \cdot (2\,dm \cdot 3\,dm + 2\,dm \cdot 6\,dm + 3\,dm \cdot 6\,dm) = 2 \cdot 36\,dm^2 = 72\,dm^2$

2. Ein quaderförmiges Klassenzimmer ist 6 m breit, 8 m lang und 3,5 m hoch. Wieviel m^3 mißt der Raum?
$V = 6\,m \cdot 8\,m \cdot 3{,}5\,m = 168\,m^3$

Körper

3. Ein quaderförmiger Hohlraum soll eine Grundfläche mit den Seitenlängen 10 cm und 8 cm haben; das Volumen soll 2 dm³ betragen. Wie hoch muß der Hohlraum sein?

$2 \text{ dm}^3 = 10 \text{ cm} \cdot 8 \text{ cm} \cdot h$
$2000 \text{ cm}^3 = 80 \text{ cm}^2 \cdot h$
$h = \dfrac{2000 \text{ cm}^3}{80 \text{ cm}^2} = 25 \text{ cm}$

Würfel

Eigenschaften
Der Würfel ist ein besonderer
▶ Quader. Er hat alle Eigenschaften des Quaders und zusätzlich noch eine weitere Eigenschaft: Alle Begrenzungsflächen des Würfels sind Quadrate; alle Kanten sind gleich lang.

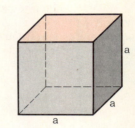

Formeln
Oberfläche
O = 6 a²
Tastenfolge: a $\boxed{x^2}$ $\boxed{\times}$ 6 $\boxed{=}$

Rauminhalt (Volumen)
V = a³
Tastenfolge:
a $\boxed{\times}$ a $\boxed{\times}$ a $\boxed{=}$ oder a $\boxed{y^x}$ 3 $\boxed{=}$

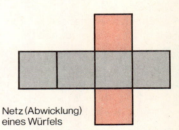

Netz (Abwicklung) eines Würfels

Beispiele

1. Ein Würfel hat die Kantenlänge 2 dm. Wie groß ist seine Oberfläche?
$O = 6 \cdot (2 \text{ dm})^2 = 24 \text{ dm}^2$

2. Eine Firma verschenkt zu Werbezwecken Würfel aus Edelstahl mit der Kantenlänge 5 cm. Wie schwer ist ein Würfel, wenn 1 cm³ Stahl 7,8 g wiegt?
a) $V = (5 \text{ cm})^3 = 125 \text{ cm}^3$
b) Gewicht: $7{,}8 \text{ g/cm}^3 \cdot 125 \text{ cm}^3 = 975 \text{ g}$

Körper

Gerade Prismen (Säulen)

Eigenschaften
1. Die Grundflächen sind gleich große Vielecke, die zueinander parallel sind. Die übrigen Begrenzungsflächen sind Rechtecke; sie bilden den **Mantel**.
2. Der Mantel steht senkrecht zu den Grundflächen.

Besondere Prismen
Gerade Prismen mit rechteckigen Grundflächen heißen ▶ Quader.

Formeln
Oberfläche
O = 2 · Grundfläche + Mantel
O = 2 · G + M

Mantel
M = Umfang der Grundfläche · Höhe des Prismas
M = u · h

Rauminhalt (Volumen)
V = Grundfläche · Höhe
V = G · h

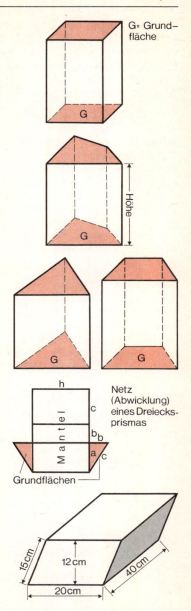

Beispiele

1. Ein Maschinenteil mit den Maßen wie in der Zeichnung soll mit einem Speziallack versehen werden. Der Lackierer will die Größe der Oberfläche berechnen.

a) Die Grundfläche ist ein ▶ Parallelogramm mit den Seitenlängen 15 cm und 20 cm. Es hat die Höhe 12 cm; also ist
G = 20 cm · 12 cm = 240 cm².

Körper

b) Der Umfang der Grundfläche ist $u = 2 \cdot 20$ cm $+ 2 \cdot 15$ cm $= 70$ cm.

c) Oberfläche $= 2 \cdot G + u \cdot h$; dabei ist $h = 40$ cm. Also ist
$O = 2 \cdot 240$ cm^2 $+ 70$ cm $\cdot 40$ cm $= 480$ cm^2 $+ 2800$ cm^2
$= 3280$ cm^2

Antwort: Die Oberfläche beträgt 3280 cm^2.

2. Ein Zelt hat die Form eines liegenden Dreiecksprismas. Wie groß ist das Volumen des Zeltinnenraumes?

a) Grundfläche ist das ▶ Dreieck mit der Grundseite von 1,20 m und der Höhe von 0,90 m.

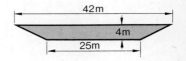

b) $V = G \cdot h = \dfrac{0{,}9 \text{ m} \cdot 1{,}2 \text{ m}}{2} \cdot 2$ m
$= 0{,}54$ m^2 $\cdot 2$ m $= 1{,}08$ m^3

Antwort: Das Volumen ist ungefähr 1 m^3.

3. Ein Kanal hat eine Sohle von 25 m Breite. Wenn das Wasser 4 m hoch steht, ist der Wasserspiegel 42 m breit.

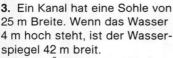

Wieviel m^3 Wasser enthält der Kanal auf einer Strecke von 100 m?

a) Der Kanalquerschnitt hat die Form eines ▶ Trapezes mit dem Flächeninhalt

$G = \dfrac{25 \text{ m} + 42 \text{ m}}{2} \cdot 4$ m $= 134$ m^2.

b) Das zu berechnende Kanalstück hat die Form eines Prismas mit trapezförmiger Grundfläche.
$V = G \cdot h = 134$ m^2 $\cdot 100$ m $= 13\,400$ m^3

Antwort: Das Kanalstück enthält 13 400 m^3 Wasser.

Gerade Zylinder

Eigenschaften

1. Die Grundflächen sind gleich große Kreisflächen, die zueinander parallel sind.
2. Der Mantel steht senkrecht auf den Grundflächen.

Körper

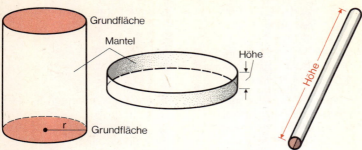

Formeln
Oberfläche
O = 2 · Grundfläche + Mantel
O = 2 · G + M

Die Grundfläche ist ein ▶ Kreis, also $G = \pi \cdot r^2$.

Der Mantel ist ein Rechteck mit den Seiten h und dem Umfang u des Kreises, also
M = u · h = 2 · π · r · h

Rauminhalt (Volumen)
V = Grundfläche · Höhe
V = G · h
Tastenfolge:
[π] [×] r [x²] [×] h [=]

Netz (Abwicklung) eines Zylinders

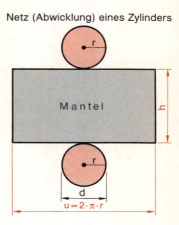

Beispiele

1. Eine Anschlagsäule hat die Maße wie in der Zeichnung. Wie groß ist die Klebefläche? Die Klebefläche ist der Mantel des Zylinders:
$M = \pi \cdot d \cdot h = \pi \cdot 1{,}3\,m \cdot 3\,m \approx 12{,}25\,m^2$.

2. Ein Pkw-Motor hat 4 Zylinder mit einer Bohrung von 65 mm und einer Hubhöhe von 70 mm. Wie groß ist der Gesamthubraum?

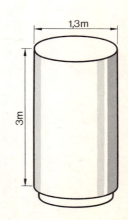

Körper

a) Der Hubraum hat die Form eines Zylinders mit 65 mm Durchmesser und 70 mm Höhe.
r = d : 2 = 65 mm : 2 = 32,5 mm
V = π · (32,5 mm)² · 70 mm ≈ 232 281,5 mm³ ≈ 232,3 cm³
b) Die 4 Zylinder besitzen einen Gesamthubraum von
4 · 232,3 cm³ = 929,2 cm³.

3. Wieviel cm³ Kupfer benötigt man für einen 500 m langen Kupferdraht mit 0,1 mm Durchmesser?
a) Der Draht kann als ein sehr hoher und dünner Zylinder aufgefaßt werden mit r = 0,05 mm und h = 500 m = 500 000 mm.
b) V = π · (0,05 mm)² · 500 000 mm ≈ 3927 mm³ ≈ 3,9 cm³
Antwort: Man benötigt etwa 3,9 cm³ Kupfer.

Pyramiden

Eigenschaften
Die Pyramide hat ein n-Eck als Grundfläche und n Dreiecke als Mantel (n = 3; 4; 5 ...). Der Abstand der Grundfläche von der Spitze heißt Höhe der Pyramide.
Eine Pyramide, deren Mantel aus kongruenten Dreiecken besteht, heißt **gerade Pyramide**.
Eine Pyramide, die von 4 gleichseitigen Dreiecken begrenzt wird, heißt **Tetraeder**.

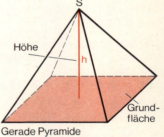
Gerade Pyramide
mit quadratischer Grundfläche

Formeln
Oberfläche
O = Grundfläche + Mantel
O = G + M

Rauminhalt (Volumen)
V = $\frac{1}{3}$ Grundfläche · Höhe

V = $\frac{1}{3}$ G · h

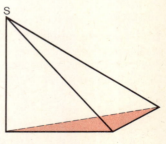
Schiefe Pyramide

Körper

Beispiele

1. Die Cheopspyramide ist eine gerade Pyramide mit quadratischer Grundfläche. Zur Zeit der Fertigstellung der Pyramide war die Grundkante 230 m lang; die Höhe betrug 146 m.
Welchen Rauminhalt hatte das Bauwerk?

$V = \frac{1}{3} \cdot (230 \text{ m})^2 \cdot 146 \text{ m}$
$\approx 2\,574\,467 \text{ m}^3 \approx 2{,}6 \text{ Mio m}^3$

Antwort: Die Cheopspyramide hatte einen Rauminhalt von ca. 2,6 Millionen m³.

2. Der obere Teil eines Kirchturms hat die Form einer quadratischen Pyramide mit den Maßen wie in der Zeichnung. Er soll neu mit Schieferplatten gedeckt werden.
Wieviel m² sind zu decken?

a) Die Dachfläche ist ein Pyramidenmantel aus 4 kongruenten Dreiecken. Flächeninhalt eines Dreiecks:

$A = \frac{4 \text{ m} \cdot 8{,}5 \text{ m}}{2} = 17 \text{ m}^2$

b) Flächeninhalt des Mantels:
$M = 4 \cdot A = 4 \cdot 17 \text{ m}^2 = 68 \text{ m}^2$
Antwort: Es sind 68 m² zu decken.

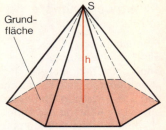

Gerade Pyramide mit sechseckiger Grundfläche

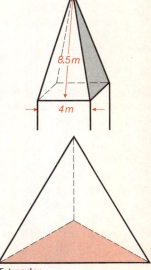

Tetraeder

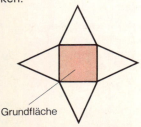

Netz einer geraden Pyramide

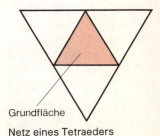

Netz eines Tetraeders

Körper

Pyramidenstümpfe

Eigenschaften
Ein Pyramidenstumpf wird begrenzt von 2 parallelen ähnlichen n-Ecken als Grundflächen und n ▶ Trapezen als Seitenflächen. Der Abstand der Grundflächen heißt Höhe des Stumpfes.

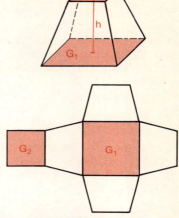

Formeln
Oberfläche
O = große Grundfläche
   + kleine Grundfläche
   + Mantel
$$O = G_1 + G_2 + M$$

Netz eines regelmäßigen Pyramidenstumpfes

Bei regelmäßigen n-Ecken als Grundflächen sind die n Trapeze gleich groß; sonst müssen sie einzeln berechnet werden.

Volumen: $V = \frac{h}{3} \cdot (G_1 + \sqrt{G_1 G_2} + G_2)$

Beispiele

1. Ein Kohlebehälter mit Deckel hat die Form eines quadratischen Pyramidenstumpfes mit den Maßen $a_1 = 35$ cm, $a_2 = 45$ cm, $h = 40$ cm. Wieviel Blech wurde verarbeitet?
a) $G_1 = (35 \text{ cm})^2 = 1225 \text{ cm}^2$
b) $G_2 = (45 \text{ cm})^2 = 2025 \text{ cm}^2$
c) $M = 4 \cdot \frac{35 \text{ cm} + 45 \text{ cm}}{2} \cdot 40 \text{ cm} = 6400 \text{ cm}^2$
d) $O = 1225 \text{ cm}^2 + 2025 \text{ cm}^2 + 6400 \text{ cm}^2 = 9650 \text{ cm}^2$
Antwort: Es wurde rund 1 m² Blech verarbeitet.

2. Der Granitsockel eines Denkmals hat die Form eines rechteckigen Pyramidenstumpfes mit den Maßen $a_1 = 2{,}40$ m, $b_1 = 1{,}20$ m, $a_2 = 1{,}60$ m, $b_2 = 0{,}80$ m und $h = 1{,}50$ m. Welches Volumen hat der Sockel?
$V = \frac{1{,}5 \text{ m}}{3} \cdot (2{,}4 \text{ m} \cdot 1{,}2 \text{ m} + \sqrt{2{,}4 \text{ m} \cdot 1{,}2 \text{ m} \cdot 1{,}6 \text{ m} \cdot 0{,}8 \text{ m}} + 1{,}6 \text{ m} \cdot 0{,}8 \text{ m})$
$= 0{,}5 \text{ m} \cdot (2{,}88 \text{ m}^2 + \sqrt{3{,}6864 \text{ m}^4} + 1{,}28 \text{ m}^2) = 3{,}04 \text{ m}^3$
Antwort: Der Sockel hat ein Volumen von rund 3 m³.

Körper

Kegel

Schiefer Kegel

Eigenschaften
Ein Kegel wird begrenzt von einer Kreisfläche als Grundfläche und einem Mantel. Der Mantel hat bei einem geraden Kegel die Form eines ▶ Kreissektors.

Formeln
Oberfläche des geraden Kegels
O = Grundfläche + Mantel
O = G + M
Dabei ist $G = \pi \cdot r^2$ und
$$M = \frac{b \cdot s}{2} = \frac{2\pi \cdot r \cdot s}{2} = \pi \cdot r \cdot s,$$
also
$$O = \pi \cdot r^2 + \pi \cdot r \cdot s = \pi \cdot r \cdot (r + s)$$

Tastenfolge:
r $+$ s $=$ $\times$ r $\times$ π $=$

Ist s nicht bekannt, sondern die Höhe h, so läßt sich s mit Hilfe des ▶ Satzes des Pythagoras berechnen:
$$s = \sqrt{r^2 + h^2}$$

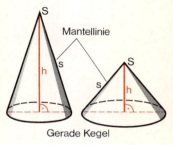

Gerade Kegel

Volumen
$V = \frac{1}{3}$ Grundfläche · Höhe
$$V = \frac{1}{3} G \cdot h = \frac{1}{3} \pi r^2 \cdot h$$

Tastenfolge:
π $\div$ 3 $\times$ r x^2 $\times$ h $=$

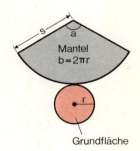

Grundfläche

Körper

Beispiele

1. Auf einen Schloßturm soll ein kegelförmiges Dach gesetzt werden mit den Abmessungen wie in der Zeichnung. Wie groß ist die Dachfläche?
Die Dachfläche ist der Mantel eines Kegels:

$M = \pi \cdot r \cdot s$
$ = \pi \cdot 2{,}4 \text{ m} \cdot 3{,}75 \text{ m} \approx 28{,}3 \text{ m}^2$

Antwort: Die Dachfläche ist rund $28{,}3 \text{ m}^2$ groß.

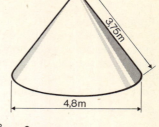

2. Ein aufgeschütteter Sandhaufen hat ungefähr die Form eines Kegels. Er ist 2,5 m hoch; seine Grundfläche hat einen Durchmesser von 4 m. Wieviel m³ Sand enthält der Haufen?

$V = \frac{1}{3} \cdot \pi \cdot (2 \text{ m})^2 \cdot 2{,}5 \text{ m} = \frac{1}{3} \pi \cdot 10 \text{ m}^3 \approx 10 \text{ m}^3$

Antwort: Der Haufen besteht aus etwa 10 m³ Sand.

Kegelstümpfe

Eigenschaften

Ein gerader Kegelstumpf wird von 2 parallelen Kreisen als Grundflächen und dem Ausschnitt eines ▶ Kreisringes als Mantel begrenzt. Der Abstand der Grundflächen heißt Höhe des Stumpfes.

Formeln

Oberfläche
O = große Grundfläche
 + kleine Grundfläche
 + Mantel

$O = G_1 + G_2 + M$

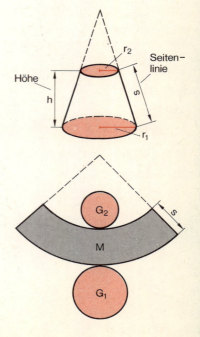

Körper

Die Grundflächen haben den Flächeninhalt $G_1 = \pi \cdot r_1^2$ bzw. $G_2 = \pi \cdot r_2^2$. Der Mantel eines geraden Kegelstumpfes hat den Flächeninhalt

$M = \pi \cdot s \cdot (r_1 + r_2)$

Die Oberfläche des geraden Kegelstumpfes beträgt also

$$O = \pi \cdot r_1^2 + \pi \cdot r_2^2 + \pi \cdot s \cdot (r_1 + r_2)$$
$$= \pi \cdot [r_1^2 + r_2^2 + s(r_1 + r_2)]$$

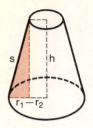

Tastenfolge:

r_1 [+] r_2 [=] [×] s [+] r_1 [x²] [+] r_2 [x²] [=] [×] [π] [=]

Ist nicht s sondern h gegeben, so läßt sich s nach dem ▶ Satz des Pythagoras berechnen:

$$s = \sqrt{h^2 + (r_1 - r_2)^2}$$

Volumen

$$V = \frac{1}{3} \cdot \pi \cdot h \cdot (r_1^2 + r_1 r_2 + r_2^2)$$

Tastenfolge:

r_1 [×] r_2 [+] r_1 [x²] [+] r_2 [x²] [=] [×] h [×] [π] [÷] 3 [=]

Beispiele

1. Ein Trichter aus Blech hat die Form eines Kegelstumpfes mit den Maßen $r_1 = 15$ cm, $r_2 = 2$ cm, $h = 9$ cm. Wieviel Blech wurde hierfür verarbeitet?

a) Gesucht ist die Mantelfläche des Kegelstumpfes; hierfür muß zunächst die Seitenlinie s berechnet werden.

$s = \sqrt{(9 \text{ cm})^2 + (15 \text{ cm} - 2 \text{ cm})^2} = \sqrt{250 \text{ cm}^2} \approx 15{,}8$ cm

b) $M = \pi \cdot 15{,}8 \text{ cm} \cdot (15 \text{ cm} + 2 \text{ cm}) \approx 843 \text{ cm}^2$

Antwort: Es wurden rund 843 cm² Blech verarbeitet.

2. Ein Maschinenteil aus Stahl hat die Form eines Kegelstumpfes mit den Maßen $r_1 = 1{,}5$ cm, $r_2 = 1{,}1$ cm, $h = 9$ cm. Wieviel Stahl wurde hierzu benötigt?

$V = \frac{1}{3} \cdot \pi \cdot 9 \text{ cm} \cdot [(1{,}5 \text{ cm})^2 + 1{,}5 \text{ cm} \cdot 1{,}1 \text{ cm} + (1{,}1 \text{ cm})^2]$
$\approx 48{,}16 \text{ cm}^3$

Antwort: Es wurden rund 48 cm³ Stahl benötigt.

Körper

Kugeln

Formeln
Oberfläche
$O = 4 \cdot \pi \cdot r^2$

Volumen
$V = \frac{4}{3} \cdot \pi \cdot r^3$

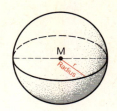

Beispiele

1. Der Mond hat einen Radius von rund 1738 km. Wie groß ist die Mondoberfläche, ohne Berücksichtigung von Gebirgen u. ä.?
$O = 4 \cdot \pi \cdot (1738 \text{ km})^2 = 4 \cdot \pi \cdot 3\,020\,644 \text{ km}^2 \approx 38 \text{ Mio km}^2$
Antwort: Die Mondoberfläche beträgt rund 38 Millionen km².

2. Für ein Kugellager werden Stahlkugeln mit einem Durchmesser von 12 mm verwendet. Wieviel Stahl benötigt man für eine Kugel?
$V = \frac{4}{3} \cdot \pi \cdot (6 \text{ mm})^3 = \frac{4}{3} \cdot \pi \cdot 216 \text{ mm}^3 \approx 905 \text{ mm}^3 \approx 0{,}9 \text{ cm}^3$
Antwort: Man benötigt etwa 0,9 cm³ Stahl.

3. Ein luftgefüllter Gummiball hat einen Durchmesser von 28 cm. Die Wandstärke beträgt 0,5 cm. Wieviel cm³ Gummi wurden für die Herstellung des Balles benötigt?
a) Der Gummiball ist eine **Hohlkugel** mit dem äußeren Radius $r_1 = 28 \text{ cm} : 2 = 14 \text{ cm}$ und dem inneren Radius $r_2 = 14 \text{ cm} - 0{,}5 \text{ cm} = 13{,}5 \text{ cm}$.
b) Das Volumen der Hohlkugel ist die Differenz der äußeren und der inneren Kugel:
$V = \frac{4}{3} \cdot \pi \cdot r_1^3 - \frac{4}{3} \cdot \pi \cdot r_2^3 = \frac{4}{3} \cdot \pi \cdot (r_1^3 - r_2^3)$
$= \frac{4}{3} \cdot \pi \cdot [(14 \text{ cm})^3 - (13{,}5 \text{ cm})^3] \approx 1188 \text{ cm}^3$
Antwort: Für den Ball wurden 1188 cm³ Gummi verarbeitet.

Stichwortverzeichnis

Abbildung 89
abbrechende Dezimalzahl 29
abrunden 59
Achsenkreuz 38
Achsenspiegelung 89
Addition 8 f
— mit Übertrag 10
— von Brüchen 26
— von Dezimalzahlen 30
— von ganzen Zahlen 9
— von Größen 56
—, schriftliche 10
ähnliche Figuren 94
algebraische Rechenlogik 83
Anfangskapital 53
Ankathete 97
antiproportionale Zuordnung 39
Äquivalenzumformungen 64 ff
Assoziativgesetz 9, 12
aufrunden 59
Aussage 63

Basis 32
Baum 62
Betrag 19
Bildpunkt 89
Bildwinkel 89
binomische Formeln 36
Brüche 23
— addieren 26
— dividieren 28
— erweitern 24
— kürzen 24
— multiplizieren 27
— subtrahieren 26
— vergleichen 25
Bruchzahl 23

Darstellung im Achsenkreuz 38
Dezimalzahlen 23, 29
—, abbrechende 29
— addieren 30
— dividieren 31
— multiplizieren 30
— subtrahieren 30
Diagonale
— Drachen 115
— Parallelogramm 112

— Quadrat 111
— Raute 113
— Rechteck 110
— Trapez 114
Diagramm
— Kreis- 78 f
— Ordnungs- 81
— Streifen- 78 f
Differenz 8
Distributivgesetz 35
Division 8
— mit Rest 14
—, schriftliche 13
— von Brüchen 28
— von Dezimalzahlen 31
— von Größen 57
— von Termen 36
Drachen 115
Drehpunkt 92
Drehsymmetrie 92
Drehung 92
Drehwinkel 92
Dreieck 115 ff
—, gleichseitiges 116
—, gleichschenkliges 116
—, rechtwinkliges 116
Durchmesser 118

Einheit 54 ff
Einheitsstrecke 7
Endstellenregeln 15
Erweitern (eines Bruchs) 24
Exponent 32

Faktorzerlegung 18
Flächeninhalt
— Drachen 115
— Dreieck (Kathetensatz) 109
— Kreis 119
— Kreisring 119
— Quadrat 111
— Raute 113
— Rechteck 110
— Sektor 119
— Trapez 114

ganze Zahlen 19
—, Menge der 19

Stichwortverzeichnis

Gegenzahl 19
gemeinsamer Teiler 17
gemeinsames Vielfaches 17
gemischte Zahlen 24
geordnetes Paar 64
Gerade 102
— Parallele 102
— Senkrechte 102
ggT 17
gleichnamig 26
Gleichsetzungsverfahren 69
Gleichungen 63
Gleichungsumformungen 64
Gleichungssystem 68
größter gemeinsamer Teiler 17
Größen 54
— addieren und subtrahieren 56
— dividieren und multiplizieren 57
Größenpaare 38
Grundaufgaben der Zinsrechnung 49
Grundfläche
— Kegel 129
— Prisma 123
— Pyramide 126
— Zylinder 124
Grundkonstruktionen 102 f
— geometrische 102 f
Grundmenge 63
Grundseite 113
Grundwert 45, 47

Halbdrehung 92
Halbgerade 95
Halbkreis 104
Hauptnenner 26
Höhe
— Dreieck 116
— Kegel 129
— Pyramide 126
Hyperbel 39 f
Hypotenuse 97, 116
Hypotenusenabschnitt 116
Hypotenusenquadrat 107

Inkreis 115

Kante 122

Kapital 49
Kathete 97, 116
Kathetenquadrat 109
Kathetensatz 109
Kegel 129
— Grundfläche 129
— Mantel 129
— Oberfläche 129
Kehrbruch 28
kgV 17
Klammern
— auflösen (Regeln) 35
— ausmultiplizieren 35
kleinstes gemeinsames Vielfaches 17
Kommastellen 29
Kommutativgesetz 9, 11
Kongruenzabbildung 89
Konstantenautomatik 86
Kosinus 98
Kotangens 100
Kreis 118 ff
-bogen 119
-diagramm 78 f
-fläche 118
-linie 118
-mittelpunkt 118
-ring 118
-sektor 118
-umfang 118
Kugel 132
— Oberfläche 132
— Volumen 132
Kurvendarstellung 80
Kürzen 24

Leerstelle 63
lineare Zuordnungen 42
Lösungsdiagramme 61
Lösungsmenge 63
Lösungsverfahren 64
Lösungsweg 61

Mantel
— Kegel 129
— Prisma 123
— Pyramide 126
— Zylinder 125

Stichwortverzeichnis

Maßeinheit 54
Maßzahl 54
Menge
— der ganzen Zahlen 7
— der natürlichen Zahlen 7
— der rationalen Zahlen 23
— der Teiler 14
— der Vielfachen 15
Messung 54
Mittellinie 110
Mittelsenkrechte 89
— im Dreieck 116
— von Strecken 102
Mittelwert 81
Multiplikation 8
— mit Null 13
—, schriftliche 12
— von Größen 57
— von Termen 35
— von Brüchen 27
— von Dezimalzahlen 30

Nachfolger 7
Näherung 58
natürliche Zahlen 7 ff
Nebenwinkel 95
negative Zahlen 19
Nenner 23
Netz 125
nichtabbrechende Dezimalzahl 29

Oberfläche
— Kegel 129
— Kugel 132
— Prisma 123
— Pyramide 126
— Quader 121
— Würfel 122
— Zylinder 125
Ordnungsdiagramm 81

Paare
—, geordnete 64
— zugeordneter Größen 37
Parabel 43
Parallelen 91, 102
Parallelogramm 111
Periode 29

Platzhalter 63 ff
positive ganze Zahlen 19
Potenz 32 ff
potenzieren 32
Primfaktoren 18
Primzahlen 18
Prisma 123
Produkt 8
Programm 61
proportionale Zuordnungen 37
Prozentformel 45
Prozentrechnung 45 ff
Prozentsatz 45
Prozentwert 45
Punkt 38 f, 43, 92
Punktrechnung 34
Pyramide 126
Pythagoras, Satz des 107

Quader 121
— Oberfläche 121
— Rauminhalt 121
— Seitenfläche 121
— Seitenlänge 121
Quadrat 111
— Diagonale 111
— Symmetrieachsen 111
quadratische Zuordnung 43
Quadratwurzel 44
Quersumme 15
Quersummenregeln 15 f
Quotient 8

Radius 118
rationale Zahlen 23
Raumeinheiten 56
Rauminhalt
— Kegel 129
— Prisma 123
— Pyramide 126
— Quader 121
— Würfel 122
— Zylinder 125
Raute 113
Rechenregeln
— Brüche 26
— Dezimalzahlen 30
— ganze Zahlen 20

135

Stichwortverzeichnis

- natürliche Zahlen 9 ff
- Potenzen 32
- Prozentrechnung 45 ff
- Größen 56 ff
- Zinsrechnung 49 ff

Rechenzeichen 19
Rechteck 110
- Diagonalen 110
- Mittellinien 110
- Seiten 110
- Seitenlängen 110
- Symmetrieachsen 110
- Winkel 110

Runden 58 ff

Sachaufgaben 61
- Lösungswege 61

Säulendiagramm 80
Satz des Pythagoras 107
Satz des Thales 104
Scheitel 95
Scheitelpunkt 95
Scheitelwinkel 95
Schenkel 95
Schwerpunkt 115
Sehne 118
Seitenhalbierende 116
Senkrechte 102
Sekante 118
Sektor 118
Sinus 97
Speicher 88
Spiegelachse 89
Spiegelung 89 f
Statistik 78 ff
Strahlensätze 105 f
Strecke 91
Streckenaddition 9
Streckung 93
—, zentrische 93
Streckungsfaktor 93
Streckungszentrum 93
Strichliste 78
Strichrechnung 34
Streifendiagramm 78 f
Stufenwinkel 96
Subtraktion 8, 10
- mit Übertrag 11
- ohne Übertrag 11
—, schriftliche 11
- von Brüchen 26
- von Dezimalzahlen 30
- von Termen 35

Summand 8
Summe 8
Symmetrie 90
- im Quadrat 111
- in der Raute 113
- im Rechteck 110

Symmetrieachse 90
symmetrisch 90

Tabelle 62, 78
Tangens 100
Tangente 118
Taschenrechner 82 ff
Tastenfolge 82 ff
Teilbarkeit 15
Teilbarkeitsregeln 15
- für Differenzen 16
- für Summen 16

Teiler 14
Teilermenge 14
Teilprodukte 12
Term 34
Tetraeder 126
Textgleichung 67
Thalessatz 104
Trapez 113

Überschlagsrechnung 31, 58
Umkreis 116
Umlaufsinn 89
Umwandlung von
Raumeinheiten 56
Umwandlungszahl 54
ungleichnamig 26
Ungleichung 63 f

Variable 63
Verbindungsgesetz 9, 12
Verknüpfungszeichen 19
Verschiebung 91
Verschiebungspfeil 91
Vergrößerung 94